不虧本的智慧

王汝中 著

原書名：贏與虧一硬幣的兩面

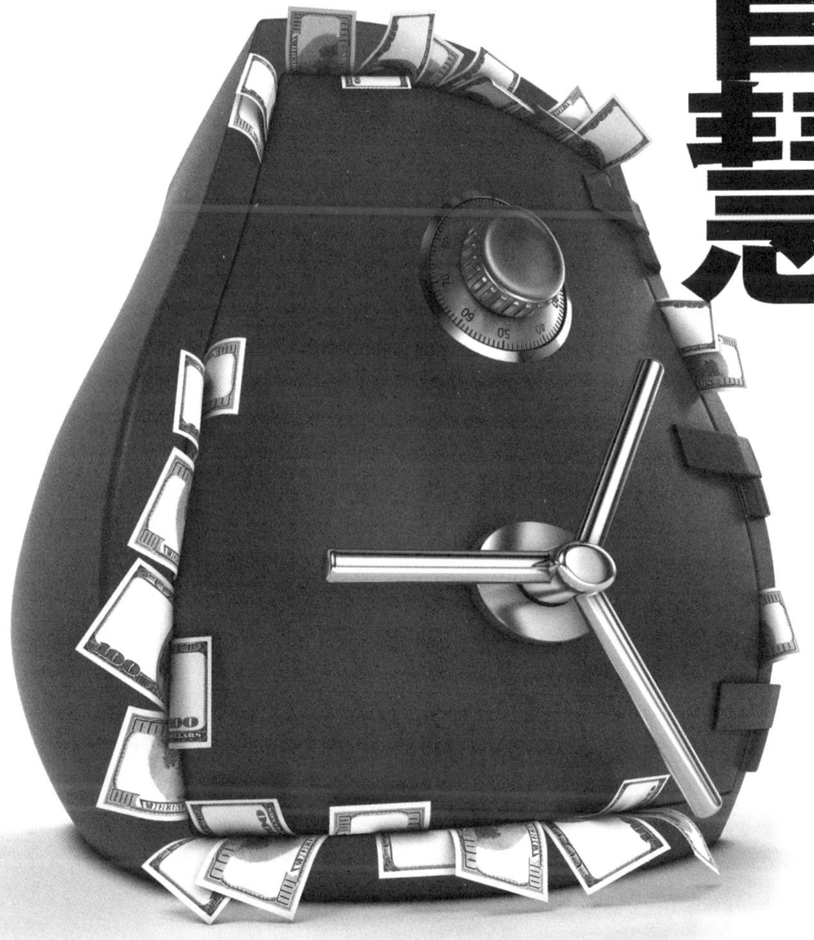

前言

誰都想透過創業擁有財富，實現輝煌的人生理想。可是在現實生活中，只有一小部分人從無到有，一步步將生意做大；更多的人則是費盡心機、絞盡腦汁也賺不到幾個錢，甚至賠本虧損，破產倒閉，始終徘徊在人生的低谷。

天底下賺錢的方法千千萬萬，為什麼那麼多的人與錢無緣，無法撬動財富的槓桿呢？本書將引領我們回到創業之初，從創業的基本理念開始，為你分析做生意的種種奧妙——

最簡單的方法最賺錢，沃爾瑪堅持「天天平價」，用最低價銷售商品，最後成為世界第一。對顧客來說，低價是吸引他們的重要原因，誰也不想多花冤枉錢。

平凡的家庭主婦依靠「誠信」二字，將麵包店發展壯大，成為美國食品業的著名品牌。顧客是利潤的泉源，欺騙他們等於拒絕財富。

一位普通的飯店老闆為客人提供不限量的免費酒品，進而顧客盈門，生意興隆。沒有哪個人不被免費贈送吸引，接受贈送是禮遇的象徵。

經營鐘錶業務的威爾斯多夫突然大量購進草帽，透過這種方法轉移對手的注意力，為自己贏取更多時間。

一家小電腦公司依託品牌企業，為自己借來一塊大市場，在此基礎上順利成長。這是鑿壁借光培養大市場的智慧之舉。

……

也許這些方法在你眼中並不奇特，低價促銷誰都會做，可是即便價格降到成本之下，顧客依然不肯買帳；即便時刻謹記「誠信」，顧客似乎不為所動；即便一次次提供免費贈送，很多人還是無動於衷；即便想出千條妙計，依然無法與對手抗衡，最終落得潰敗而逃。

其實，市場並不是1+1=2這麼簡單，如果你不懂得消費者心理，不從顧客需求出發，只圖眼前利益，每日提心吊膽算計著利潤，不去花費精力用來維持與員工、顧客、其他公司、供應商、銷售商以及政府部門、各種權威組織的關係，那麼賺錢的目的難以實現，也就在情理之中了。

在競爭白熱化的時代，消費者的期望值不斷增加，似乎永不知滿足。把銀子賣出金子價格，讓消費者搶購自己的產品並且引以為榮，這樣的好事變得難上加難。基於此，「促銷」便成了活躍在人們視線中的經濟名詞，從一餐速食、一個玩具，到網路業務、電信業務、美容美髮，幾乎天天都有類似活動，充斥著人們生活的分分秒秒。如果你不拒絕的話，每天都會享受到多種免費、優惠的服務。

然而，促銷遠非人們看到的那麼簡單，其背後有著深刻的經濟理論根據，只有按照這些理論去做才可能獲得成功，獲得利潤。以優惠為例，如果單純的認為優惠就是打折，是打價格戰。將優惠做為無奈之舉，或者是經營不良時的一劑補藥，是非常錯誤的觀念。

到底該怎麼做才能達到自己的目的，將促銷行動轉化為利潤之泉呢？本書透過一個個實際案例，結合經濟學理論，為讀者打開一扇扇促銷之窗。從中你既可以看到那些從小生意做起，逐步獲取成功的大人物；也可以領略到看似虧本，實則充滿智慧的利潤之爭。同時，作者也衷心希望讀者從中可以學到一些不虧本的智慧，將自己的生意發展壯大，挖掘到人生的第一桶金。

Directory

前言 002

第一章：從無到有的簡單法則
敢想才會贏，賺錢要有信心 008
黃楚九買合約，賺錢要有眼光 012
先見之明，賺錢從投資開始 016

第二章：誠信是寶
把人情味擺上貨架 022
誠信的永恆公式：留住客戶 026
以長遠的角度去衡量 031

第三章：隨處可見的免費招牌
擔心什麼？錢我來付！ 036
他們是怎麼做到的？ 041

第四章：盈虧公式新算
虧與贏，硬幣的兩面 048
意見公司買意見 053

第五章：虧本經營背後的心理學
天下沒有免費的午餐 058
降價的實質：以退為進 063
他們更傾心產品背後的東西 058
讓顧客記住你 074
參與是最好的說服力 079
二五〇定律 084

第六章：在嘲笑中升值
從心開始，而不是光靠技巧 092
賠還是賺？看帳如何算 097
人棄我取，看似虧本實則抓住良機 101
巧做「虧本」小生意 105
創造狂熱的「少數」 110

第七章：存2000，取10萬蘊含的經濟原理
購草帽的「騙局」 116
明修棧道，暗渡陳倉 123
曲線PK直線 127
存2000，取10萬蘊含的經濟原理 132

第八章：不虧本式戰略
「燒人參」燒出經濟制高點 138
烏鴉善於提升新管道 144
打出虧盈組合拳：旗艦店、outlet店 148
超時營業的智慧 153

第九章：如何在「虧本」中盈利
抓住時機是關鍵 158
免費類：引導長期消費 163
優惠類：增加需求量 167
競賽類：刺激購買慾望 171
組合類：培養更廣闊的市場 176
會員制度：提升品牌價值 181
團購策略：消除顧客的恐懼心理 186
高額獎勵，先聲奪人 191
香餌釣鉤魅力無限 197
降價是為了減少存貨量 202

第十章：各行業的不虧本買賣
房地產業：總是在「虧」中盈利 208
餐飲業：留出一塊空地 212
汽車業：多種一棵樹 218
服裝業：賣的是布料 223
保險業：搶來的「虧本」買賣 228
旅遊業：聯合促銷 233

第十一章：增加品牌附加價值
鑿壁借光培養大市場 238
一塊錢買到比一塊錢更多的東西 243
展示＋體驗：提高品牌附加價值 248

第十二章：樂善好施，做最大贏家
可口可樂的環境策略 254
捐款捐出大品牌 259
考慮眼前利潤，更要考慮長期效應 263

第一章

從無到有的簡單法則

敢想才會贏，賺錢要有信心

兩個年輕人為了生計，從事園藝工作，其中一人經過打拼成為了企業家，另一人始終做著一般工作，生活窘迫。

有一天，兩人見面了，園藝師向企業家請教說：「您的事業如日中天，可是我卻像一隻螞蟻，在地上爬來爬去，沒什麼出息。我什麼時候才能賺到錢，走向成功之路呢？」

企業家朋友友好地對他說：「我有個想法，在我工廠附近有幾萬坪的空地，這樣吧！我們一起種樹苗，現在的樹苗多少錢一棵？」

園藝師回答：「50元。」

企業家點點頭，繼續與他分析，認為所有的樹苗成本大約需要100萬元，然後問他：「三年後，樹苗會賣到多少錢一棵？」

「每棵樹苗應該會賣到300元。」園藝師很有把握。

「OK！」企業家信心十足地說，「樹苗成本、肥料都由我來支付，你負責管理樹苗。三年後，我們就有500萬左右的利潤，到時候我們平分。」

園藝家一聽，連忙搖搖頭：「不行不行，這麼大的生意，我可不敢插手，還是算了吧！」

想必大多數的人都想成功，想成為擁有財富的企業家，而不是碌碌無為過一輩子。可是同樣的兩位年輕人，其中一位做到了，另一位卻始終無法實現人生的夢想。從故事中我們看到，園藝師缺乏信心和勇氣，面對機遇，他選擇了退縮，認為自己沒有享受財富的權利。

其實，老天很公平，每個人都會得到機會，自信的人抓住了，就會從無到有，實現人生的飛躍；沒有信心的人，絕對看不到機遇，更不知道將機遇變為財富，這也就是我們周圍有更多的園藝師，而缺少企業家的原因。

點到為智

生活中，往往10％的人擁有90％的財富，90％的人擁有10％的財富。10％的人之所以能夠致富，與資金、技術、知識都有關係，但最基本的一點必須具備，那就是信心。希爾頓以200美元創業起家，成為世界飯店大王，有人曾向他請教成功的秘訣，他只回答了兩個字：「信心。」他堅信自己能夠成功，能夠擁有財富，這種內在的自我肯定成為了他的動力泉源。

在父親事業失敗時，三十一歲的希爾頓選擇了離開家鄉到德州創業。可是他的口袋裡只剩下3美元，這時他依然滿懷信心，籌集了200美元買下快要倒閉的蒙布勒飯店，開始進行創業。僅僅用了十年的時間，希爾頓不斷擴大經營規模，收購各種經營不善的飯店，在世界各地擁有了多家飯店，創造了飯店業神話。

立下賺大錢的雄心，是做出不凡業績、走向富翁行列的第一步。古往今來，成功者無不是在信心指引下，鼓起進取的勇氣，朝目標不停努力。

拿破崙就曾說過：「在我的字典裡沒有『不可能』！」賺錢與所有事業一樣，相信自己，相信自己經營的生意，相信自己能賺到錢，才有可能取得成功。

談論信心，似乎與經濟理論沒什麼關聯，其實不然，信心是金錢運轉的軟體，信心不足，金錢不會找上門。金錢本身並沒有什麼價值，金融危機爆發，金錢變得如此脆弱，就算有再多錢，也一時無法買來人們對未來的信心。在信用體系完善的國度裡，人們將信用看得比金錢還重，而一旦這種信用倒塌，信心隨之崩潰，這種時候，無論股市、金融、房市，都像多米諾骨牌一樣紛紛癱瘓。從這個例子可以看出信心在經濟領域扮演的重要角色。

信心是無價的。從投資角度看，只有資本循環流動，才會產生更多利潤，當信心缺乏之時，有錢的人不敢投資，錢少的人更是捂緊了口袋，資金停留時間越長，流通越慢，賺錢的可能性也就越小。看看股神巴菲特，在股市6000點的時候，他會幻想10000點，在危機之時，他會以最快的速度和最低的價格去購買優質企業的股票，他知道，世界上不缺金錢，大多數人沒有錢，是因為缺少金錢背後的信心。

贏的秘密

富人永遠是少數，窮人永遠是大多數，這是上帝的規則，無人可以改變。如果你想要賺錢，就要拒絕做大多數。

「富人思來年，窮人思眼前」，有信心和長遠的打算才會讓你化腐朽為神奇，創造致富的奇蹟。事實證明，賺錢的多少，永遠不會超出一個人信心的大小，當你相信自己只有賺到100元的能力時，你不會賺到101元。

不過，有信心就一定會成功嗎？天天不斷發誓，天上就會掉下一大堆鈔票嗎？答案當然是「NO」。信心是成功的根基，賺錢一定要有信心，但是有信心還不夠，還需要你有眼光，需要你用心去經營。

黃楚九買合約，賺錢要有眼光

十九世紀初，上海商人黃楚九開了一家藥鋪，經營各類藥品。有一次，他推出一款「安神健腦液」，效果很好，可是當時人們大多迷信外國貨，因此銷量一般。為了促銷，黃楚九利用人們崇洋的心理，為這款藥品取名「艾羅補腦液」，為了吸引顧客，他還請人在藥瓶上畫了個洋人頭像，標明這就是美國醫學家艾羅博士。

這一招果然有效，很多人紛紛前來購買，黃楚九賺了不少錢，非常高興。可是好景不常，一位洋人突然上門，聲稱自己是艾羅博士的兒子，他責怪黃楚九濫用父親的名字和肖像，要求賠償。

黃楚九很清楚，自己不過是虛構了一個人物，「他」怎麼可能有兒子？但是，面對這個騙子，黃楚九很冷靜，他知道戳破騙局，等於砸了「艾羅補腦液」的招牌，後果不堪設想。於是他靈機一動，擺下宴席盛情招待假冒的小艾羅，並請來商界、報界人士，當著眾人的面向小艾羅道歉，還送給他1000塊大洋，然後雙方簽下合約，黃楚九「買斷」了艾羅補腦液的專利權，由他獨家經營。

花1000塊大洋買份假合約，黃楚九這樣做是不是太虧本了？事實並非如此，黃楚九很有商業眼光，他意識到既然騙子不能揭穿，不如好好利用他一番。與他簽訂下合約後，黃楚九立即開始大張旗鼓地宣傳起來，將「艾羅補腦液」誇得神乎其神，這一下子銷量更是直線上升，引起轟動效應。

一份假合約花了1000塊大洋，確實很昂貴，可是卻得到兩個好處：一是證實「艾羅補腦液」確為外國貨，讓上海人買的更放心；二是透過這件事造成轟動，更是宣傳了產品。

做生意當老闆，不是賺錢就是虧本，如何減少虧本的機率，需要獨到的眼光，發現利潤點。很多人做生意只看眼前利益，只看賺與虧的金錢數額，可是虧本的背後隱藏著巨大的利潤空間，如果無法看透這一層，很難把握賺錢的命脈。

點到為智

美國《財富》雜誌曾經向比爾．蓋茲提出過這樣一個問題：「你是怎樣成為世界首富的？因為只有你才可以告訴我們成為世界首富的秘訣。」知道比爾．蓋茲是如何回答的嗎？他說：「除了知識、除了人脈、除了微軟公司善於行銷之外，有一個前提是大部分人沒有發現的，這就是需要眼光好。」

微軟的眼光好在哪裡呢？當初比爾．蓋茲創業的時候，IBM是最強大的，總裁湯姆斯．沃森是世界首富，一台電腦有整個房子那麼大。可是比爾．蓋茲將眼光放到未來，他認為將來每個人的桌子上都會擺一台小型個人電腦。這一眼光實在太厲害了，果然主宰了未來的電腦市場。IBM目標太大了，而且沒有看到電腦的發展趨勢，終於敗下陣來。

眼光敏銳的人不只比爾．蓋茲一人，史蒂夫．賈布斯也看到了個人電腦的前途，並且創辦了蘋果公司，在二十四歲時就擁有了五億美金。可是幾十年後，比爾・蓋茲身價超過600億美金，比賈布斯多出許多倍。同樣看到了未來市場，是什麼決定了兩人最後的成敗？還是眼光，因為比爾・蓋茲比賈布斯的眼光更好，他常說：掌握未來的發展趨勢才是更重要的。

1、好眼光讓你從細微處看到大趨勢。

具有敏銳的眼光，可以見微知著，從細微處看到大趨勢，這是創業賺錢必備的素質。

什麼是趨勢，從經濟理論講，就是市場將往哪裡走。瞭解趨勢才能把握商機，勒梅森為我們開出的藥方是：對社會進行系統觀察，掌握「什麼在改變」，並問自己「為何會發生」。這樣才能確定那些改變的事物是一種風潮，還是未來的趨勢。

社會結構的變化、消費觀念的轉變、生活型態的變化，讓人們處於日新月異的社會環境中，如果不能以新的眼光和心態去看問題，就無法挖掘商機。

比如最近十幾年來的統計顯示，人們生養孩子的比例在下降，而養寵物的比例持續上升。美國《商業週刊》有過一篇報導，美國人養寵物的比例，比養孩子多兩倍，花費在養寵物上的費用每年高達410億美元！這是一種典型的社會發展趨勢，如果掌握這一點，早一步在寵物生意上下工夫，就會獲得更大的收益。

看到趨勢，還要與流行區別，兩者是完全不同的概念，前者消費的動機是需求，後者只是好奇。需求當然比好奇有著更長久、穩固的利潤空間。

2、好眼光讓你看到別人看不到的機會。

有人說，溫州人是最會賺錢的中國人，為什麼呢？因為他們總是能發現別人看不到的商機。有一個溫州人，窮得連飯都吃不了了，當他看到城裡人用一塊布抹地很費勁，就想到生產拖把，可是他身無分文，無錢購買布料。怎麼辦？他來到棉紡廠，從垃圾堆裡撿回碎布條，紮成拖把拿出去賣，一把竟然賺到兩元。無本生意好做，一年下來，他靠這個辦法賺了500元。他以500元起步，逐漸將生意擴大，最後竟然成為擁有上千萬資產的大商人。

贏的秘密

有人說，商場如戰場，其中隱含的意思之一就是情況瞬息萬變，如果缺乏敏銳的眼光，不能善於捕捉商機，就不能確立自己的目標和方向。在複雜多變的經濟條件下，這無異盲人摸象，怎能保證生意不虧本？好眼光可以看到機會，還能看清未來的發展趨勢，當然是經商的必備因素。不過如何把握時機，掌握市場的主動權，恐怕還要從最初的一步——投資開始說起。

先見之明，賺錢從投資開始

二戰前，世界經濟陷入危機之中，生產過剩、物價暴跌，大部分人都認為末日降至，一片狂亂。在這種情況下，奧納西斯卻依然頭腦清醒，他認為經濟危機只是暫時的，必將有再次繁榮的那一天。因此他決定趁著物價超低時，購買便宜貨，等到將來經濟復甦，物價上漲，自己就可以大賺一筆了。

這天，奧納西斯聽說加拿大運輸公司在經濟危機中遭受重創，準備拍賣六艘輪船，價格僅為25萬美元一艘。他大喜，立即趕往加拿大掏錢買下了被棄之不用的六艘輪船。許多人不理解他，認為他在做傻事，他們議論著：「看吧！過不了多久，這幾艘船連5000美元都不值了。到時候，奧納西斯連哭都找不到地方了。」

這的確是冒險的舉動，當時海上運輸最不景氣，沒有什麼人有心思到海外發展業務。然而，奧納西斯認準了這條路，他想，經濟復甦後，運輸是排在首位的，輪船必將為自己帶來滾滾利潤。他孤注一擲，把所有財產全都押到輪船上。

然而，事態發展卻朝著人們預料的方向而去，經濟危機一年比一年嚴重，在經濟泥沼中，奧納西斯的輪船毫無用武之地。不過奧納西斯不為所動，堅信經濟必有復甦的一天。

二戰爆發，提前給奧納西斯帶來了致富的機會，他的輪船成為海上浮動金礦，在戰爭中發揮著重要的作用。這場持續日久的戰爭，給他帶來了源源不斷的利潤，使其躋身於希臘「制海權」的巨頭行列。

買低賣高，是所有經商者的願望，也是最快捷的賺錢途徑。一塊錢買進來，十塊錢賣出去，轉手間賺到了九塊錢，誰都會高興。然而，市場沒有這麼簡單，哪些價值一塊錢物品將來會賣到十塊錢，是永遠難以猜測的謎題，揭開謎底，也就找到了賺錢的良策。

奧納西斯高人一籌，敏銳地察覺到了經濟發展的趨勢，並大膽地進行投資，購買那些低價物品，這種先見之明才是他經商獲勝的基礎。

點到為智

沒有哪個生意不從投資開始，沒有投資就沒有發展，怎麼樣做出最佳投資選擇，是每位創業者最關心的事情。投資對了，獲取利潤將事半功倍；投資錯了，結果只能是竹籃打水一場空。

從經濟理論上講，投資是機率問題，投資的本質就是不斷地提高賺錢機率而降低賠錢機率的過程。隨著經濟發展，投資變得越來越廣泛，像生意投資、房地產投資、股票投資等等。

有人曾經做過一個實驗，讓人隨意選取擺在眼前的霜淇淋，結果大部分人選了一杯看似量多，實則量少的霜淇淋。在現實生活中，投資者往往被表象迷惑，常常忽略投資的內在價值。

投資的目的就是為了多賺錢，就是在可以承受的風險範圍內，實現收益最大化。對投資者來說，未知的生意如同海市蜃樓，美麗卻遙遠，其中隱藏著許許多多的不確定因素，必須穿越才能到達目的地。因此投資首先要瞭解可能遇見的種種問題。

1、密切注意政策、人文等環境變化。

做生意要符合國家政策、人文環境，這會帶來很大的便利。實際上，政策往往帶來一定商機。1931年，美國大企業家哈默從蘇聯回到美國，恰好富蘭克林・羅斯福正在角逐總統職位，他提出「新政」綱領，以圖解決時下的經濟危機。對此，不少企業家持懷疑態度，因此在投資、經營決策中舉棋不定。哈默卻與眾不同，他認為羅斯福肯定會競選成功，「新政」也將得到推廣和執行。

哈默進一步分析，「新政」實施後，實施十年之久的禁酒令會被廢除，那麼全國會大量生產及銷售啤酒和威士忌。可是盛放啤酒和威士忌的酒桶沒有專門供應，為了滿足需求，應該立刻投資生產酒桶。這一分析讓哈默激動不已，他在蘇聯生活了多年，清楚蘇聯製作酒桶的木板行情，於是立刻向蘇聯訂購了幾船木板，並開設了酒桶加工廠。

果如哈默所料，當他生產的酒桶推向市場時，羅斯福登上總統寶座，新政如期實行，禁酒令果真被廢除。結果，各家酒廠的酒桶需求量急遽上升，哈默的酒桶成為搶手貨。

哈默能夠從政策中把握商機，以先見之明搶佔生意制高點，是對環境因素充分瞭解分析的結果。在投資時，針對政策問題投資者最好多與政府溝通，瞭解政策資訊。當然，不要以為掌握政策就可以投機，很多時候政策運用不當，會適得其反。

與政策一樣，對投資影響很大的因素是人文環境。可口可樂等很多國際公司都特別擅長根據人文環境經營，比如進軍中國和日本市場，就採取了多種相對策略。如果人文環境不適合投資，那麼最好還是敬而遠之。

2、追求短期利潤，還是規模經營？

投資的目的是為了賺錢，很多投資者看中短期利潤，認為這樣收益快。這不是不可取，問題是短期利潤會不會讓企業喪失長期獲利的泉源？比如有些公司瘋狂追求資本利潤，投資在證券市場，卻忽視主業經營，這種本末倒置的做法，形成了短期利潤陷阱。如果跌進去，很難爬上來。

也有些投資者迷信規模經營，認為投資越多，規模越大，就越能賺錢。這種做法也有缺陷，因為市場需求不斷變化，過度投資會形成尾大不掉之勢，需要轉型時就很困難。而且，過分追求大規模，人力、財力、物力等往往會脫節，使得投資失控。

3、追求高新技術，還是精英人才？

現代很多生意經營離不開科技和專業人才，但是如果不熟悉某一行業，認為花錢買了技術就可以發大財，這幾乎是不可能的事。技術是死的，人是活的，再高級的技術，沒有合適的人去運用、管理，也不會產生任何效益。

有些人過分迷信專家，對他們言聽計從，可是專家熟悉的是技術，不是市場，他們對怎麼賺錢沒有「專業水準」。所以，單純地以購買技術、專家做投資，是危險的舉動，並不可取。

贏的秘密

好的投資是好的開始。在市場日益白熱化時代，人們無不將眼光盯在未知的領域，那些新奇的、特異的地方或許會有一塊蛋糕等著自己去吃。這當然是好的出發點，如果投資準確了，儘管風險很大，也有美味品嚐，也不失為一件樂事。

求新求異會帶來好的開始，可是也容易讓人陷入對「新事物」的盲目迷信之中。如果被各種新潮的東西迷惑、牽制，忘記投資的本質是盈利，就得不償失了。因為任何新奇的東西都有適應期，在人們尚未接受新事物時投資，就得忍受失敗的考驗，和打持久戰的準備。

第二章 誠信是寶

把人情味擺上貨架

有兩家餐廳，同時開業，規模差不多，廚藝相當，菜品價格也不相上下。可是經營一段時間後，路東的餐廳生意越來越興隆，天天人滿為患；路西的餐廳卻生意慘澹，前來光顧的客人越來越少。這不禁讓人納悶，是什麼原因造成這麼大的差別？

如果走進餐廳親自體驗一番，就會有所發現，路東的餐廳充滿了人情味，老闆就像朋友一樣，親切地招呼客人，服務員也是笑容可掬，彷彿鄰居家的小妹；餐廳內專門配備了調味區，為口味特殊的客人服務，如果你覺得菜不夠鹹，可以自己添加一點鹽；如果你覺得湯太濃了，可以加一點水。此外，老闆還特別注重細節管理，在餐廳內甚至看不到13這個座號，而帶「8」的號碼卻很多，這樣會讓客人感到舒服，給他們帶來好感。

到餐廳用餐，誰不想吃得舒心？這除了飯菜品質外，當然需要良好的用餐氛圍。如果像在家中用餐一樣自然、輕鬆，會讓人吃得格外香甜，對身體健康還有利。如果氣氛不對，憋了一肚子氣，誰還能吃出好心情？

誰都不會拒絕真情，精明的商人知道人情味的作用，他們把濃濃的人情味與商品捆綁在一起，將人人視之為硝煙瀰漫的商場轉變成「情場」，從中輕鬆收穫自己想要的東西。

點到為智

人情味，源自人性最溫情的一面，是人與人之間真摯情感的自然流露。這樣一股精神力量，怎麼會與經濟扯上關係？誠然，單純的人情味不是從業的手段，可是一旦將它視為經營追求的一種境界，就會贏得顧客的心。

希爾頓曾經說：「如果我的旅館只有一流的設備，而沒有一流服務員的微笑，那就像一家永不見溫暖陽光的旅館，又有什麼情趣可言呢？」希爾頓的「微笑服務」讓顧客們心甘情願掏錢去他的旅館消費，希爾頓也因此賺得盆滿缽滿，成為商家注重人情味的典型代表。

生意場上，競爭激烈，人們為了更多地賺錢盈利，就必須銷售更多的產品，在科技高度發展的時代，產品品質的差異越來越小，科技含量十分接近，誰也不比誰差。這個時候，如何抓住顧客的心，感情投資就顯得格外重要。如何將感情轉化利潤，常見的方式有以下幾種：

1、人情味服務。

現代社會，服務已經成為經商的最大競爭力，誰的服務好，誰的生意就可能更賺錢。還記得沃爾瑪超市的一個經典案例嗎？他們將尿布和啤酒擺在一起出售，實實在在為沃爾瑪帶來了經濟效益。原來美國家庭婦女有個習慣，喜歡讓老公下班後為孩子買尿布。老公們不敢不從命，可是他們更喜歡下班後喝一杯啤酒，為此不得不在嬰兒專櫃和食品櫃之間奔波。

善於為顧客服務的沃爾瑪員工看到了其中的不便，他們站在老公們的立場上，將尿布和啤酒擺放在一起。結果這種把人情味擺上貨架的做法，贏得老公們青睞，銷量大增。

人情味充滿了愛心、真心、誠心，是打動顧客的利器。人情味服務也為很多企業帶來利潤，贏得了聲譽。有家商場注意到女性逛商場時，喜歡到美髮店做髮型；而且有男性陪伴時，男性會很不耐煩女性到處瞎逛。這兩點因素加在一起，讓他們想到如果在商場裡推出美髮業務，一來可以滿足女性美髮需求，二來當男性等待女性時，也可以利用這段時間整整髮，一舉兩得。果然，這一業務推出後，受到男女顧客熱烈歡迎，商場名聲大振，商品銷量也迅速增長。

2、人情味商品。

人情味不僅表現在服務上，許多企業還在產品上做文章，比如會說話的冰箱、勸人戒菸的菸灰缸，將人情、趣味和科技融合為一體，大受歡迎。

有家衛浴產品公司，一改傳統浴室清潔的主題，加入了很多功能，像安放溫濕度計、安置電視機、增添休閒設備，如跑步機、健身器等。整個浴室不僅乾淨衛生，從色彩、佈置上更顯出溫暖的氣氛，還可以根據個人需求，添加異國情調，或者妝點花花草草。小小的浴室充滿了情趣，激發了顧客的購買慾望。

3、人情味管理。

除了服務、商品外，有眼光的企業還將人情味注入管理當中。據百事可樂公司和歐萊雅公司等企業的結論，情商運用能力的差異可造成20％至30％的利潤差額。情商運用很大程度地表現在人情味管理上，有助於形成積極向上的企業文化。

贏的秘密

在激烈、枯燥甚至有些血腥的商戰中，人情味就像一道亮光。在飯店經營中，人情味讓人感到溫暖；在商場經營中，人情味給人帶來方便；在企業管理中，會增強凝聚力。當然，人情味做為經營的手段，也不要走向極端，需要把握恰當度，有時候過度熱情，反而會把顧客嚇跑。

不要忘記「笑裡藏刀」這一說法，一旦讓人意識到你的熱情是為了攫取他口袋的鈔票，他會非常反感，根本不買你的帳！

誠信的永恆公式：留住客戶

凱莎琳是一位平凡的家庭主婦，一天，她偶然注意到「全麥麵包」這項專利，便積極購買並打算開張經營。可是，凱莎琳沒有任何經營經驗，也不懂得經濟理論，能否成功？她抱定一個簡單的理念：誠實不欺。並以此發展自己的事業，開辦了第一家麵包店。

首先，凱莎琳精確計算成本，算出利潤空間。她制訂出了麵包的標準價格，從此她絕不貴賣，也不賤賣任何產品；而且她為了控制經銷商隨便漲價，還在包裝紙上標明產品的成本和利潤，以防顧客多花一分錢。

其次，凱莎琳非常重視麵包的品質，她公開聲明自己的麵包是「最新鮮的食品」。為了做到這一點，她在每個麵包的包裝上都寫明了日期，超過三天的麵包堅決收回。她也以這個標準要求經銷商，不讓他們出售任何一個超過三天的麵包。

有句話說：「說起來容易做起來難。」凱莎琳如此強調價格和品質，並且堅持誠信不欺，當然是對自己和自己的麵包店負責，可是做到這些非常不易，特別麻煩。這不，就連她的兩個女兒也反對她，認為她太認真了。

凱莎琳不以為然，耐心地對女兒們說：「我們要站在顧客的立場上想問題，誰也不願意吃放了一個多星期的麵包吧！所以麵包新鮮是最重要的，我們必須貫徹『誠實不欺』的原則。我們做生意，是為了滿足顧客需求，不是讓顧客來適應我們，如果我們能夠在顧客心中樹立良好的印象，他們就會相信我們，相信我們的麵包。」

凱莎琳堅持自己的「誠信」原則，不允許任何紕漏產生，她經常對自己的員工說，食物關係著每個顧客的身體健康，誰都很在意。如果顧客懷疑某個產品，會很長時間不去購買，甚至終生拒絕。為此她特別強調麵包品質，她說：「如果顧客從我的麵包裡發現一粒沙子，我就會損失幾斤金子。」

在誠信經營的理念指導下，凱莎琳的生意很快興隆起來，她的麵包店從一間房子發展到幾間，最後擴展成現代化工廠。遠近的麵包經銷商都來訂購她的產品，銷售遍及美國各地。

也許有人會說，我也想誠實經營自己的生意，可是太困難了，一開始還能堅持，慢慢就做不到了。做生意，誰都清楚誠信的好處，知道誠信可以留住客戶，凱莎琳也是這麼想的，為什麼她不像多數人那樣半途而廢呢？因為她持之以恆，不為短暫的困難、他人的抱怨，以及短期利潤誘惑，看得更實在，也更高遠，絕不讓一粒沙子損失自己長遠的利潤！

點到為智

從未涉足商場的凱莎琳為打算經商或者正在經商的人上了很好的一課：誠信經營，建立起消費者的信任，才是做生意最高、最基本的原則。

所謂的「無商不奸」，是人們對商人世俗的看法，商人想獲利，就要從顧客口袋裡「騙」出鈔票。正是這種傳統的觀念，讓某些商人不自覺地離「誠信」二字越走越遠。他們沒有想到，做人的基本是誠信，做事的基本也是誠信，不管做什麼生意，都是在經營一項事業，經營自己的人生，如果失去誠信，哪有人生事業可言？

信譽是企業存在和發展的根本，這一點被許多成功企業家反覆強調，因此不管遇到多大困難和損失，他們都會想盡辦法堅守誠信。不管生意大小，企業規模如何，講誠信是留住客戶的永恆法則。

古人說「誠招天下客」，現代人說「企業良心」，一個想成功的商人會把精力放在技術開發、提高產品品質、完善售後服務、加強與消費者溝通等問題上，而不會去拐騙，整天研究如何騙取顧客的鈔票。

從經濟學角度看，在缺乏誠信的環境下，交易成本會增加。制度經濟學家威廉姆．森研究發現，人人都有利己主義動機，所以交易時透過投機取巧獲取私利，如偷工減料、將過期的產品當作新鮮的出售等等，是十分常見的事情。可是這樣做的結果，讓人們都在為信用傷腦筋，買一個麵包，還要費好大心思考慮它是不是新鮮、夠不夠份量，生產它的廠商信用如何。這就增加了成本，一旦成本過高，也就不值得購買了。從這一觀點可以看出，誠信是實現有效率經營的基礎，具有功利性。可是為什麼人人都知道誠信的好處，卻很難做到呢？

1、講誠信需要付出代價。

講誠信不是一句空話，需要付出很多。比如你賣麵包時，肯定會有剩餘，這些剩餘的部分如果過期了，要是講誠信就不能賣了，這會造成損失。當這些損失大到你無法忍受時，或者資金周轉不靈時，你會不顧信譽地賣掉它們，這樣誠信就喪失了。所以，講誠信的成本增大時，人會很難堅守誠信。

2、誠信成本的回報不是那麼即時。

誠信需要代價，可是回報卻不見得立竿見影。一個有誠信的品牌和產品，都要經歷很長時間，反覆進行誠信行為才能養成。在這個過程中，講誠信的產品有時候反而不如一般產品，賣不出好價錢，或者客源很少。因此誠信投資比起固定資產投資回報週期還要長，這會極大地消耗一個人、一家企業的信心。

3、社會環境也影響誠信。

在快速發展的時代，社會上會存在很多失信行為，為了短期利潤，有些人不顧廉恥，不執行合約、買賣假貨、牟取暴利等，這會給很多企業帶來經營上的困惑，影響誠信在經營者心目中的地位和作用。

當人們很難做到誠信時，企業也就無法經營，逐漸陷入惡性循環，最終逃脫不了關門倒閉的命運。因此，從思想上重視誠信，並採取一些措施，會有助於誠信經營，開拓市場，發掘更多顧客。

首先，建立一套誠信的規範和機制，保證誠信理念可以在正常軌道上運行。誠信機制包括監督機制、回饋機制、激勵機制等，既可以監督誠信行為，又能即時回饋，還對長期誠信行為做出鼓勵，幾種辦法合用，會促進誠信經營。凱莎琳經營的麵包事業，就具有一套很強的誠信機制，才能保證始終以優質產品、價格服務顧客。

其次，建立誠信基金。我們說過，誠信需要代價，當遇到淡季或者出現資金短缺時，許多企業會扛不住，只好犧牲「誠信」維持短暫經營。這種殺雞取卵的做法危害深重，倒不如預先建立一部分誠信基金，留作特殊時期使用。

還有，要想避免因為資金困難影響誠信，在企業經營中就不能盲目擴大生產和投資。當大部分資金用在固定資產、產品革新、市場開拓等方面時，企業支付現金能力下降，甚至無法滿足內部周轉需求，連薪資都發不出去，這時談何誠信？所以，做生意、辦企業，一定要把信譽的維持能力考慮進去，不要貪多妄想。等到信譽掃地，不但生意關門，還會影響人生的未來。

贏的秘密

在經濟領域內，誠信是有功利性的，當誠信無法帶來足夠的回報時，不講誠信就很正常。如何看待誠信的成本與收益之間的比例，會決定一個人、一家企業講誠信的力度。如果想做不虧本的買賣，就要向凱莎琳學習，為了得到更多的金子，還是小心不要在麵包裡摻進沙子較好。

以長遠的角度去衡量

島村寧次被譽為日本繩索大王，經銷各種繩索。他創業之初，以五毛錢的單價購進大量麻繩。可是他不像一般人那樣加價銷售，而是以原價出售給各個紙袋工廠。這下子，他很快名聲大振，人們都知道他的麻繩價格便宜，紛紛與他簽訂購貨合約。島村寧次的麻繩銷量大增，可是他堅持不加價，一年後，他看到客戶越來越多，就拿著自己的購貨單對他們說：「這是我一年的購貨收據，我一分錢都沒有賺你們的。再這樣下去，我就無法經營了，只好關門。」

客戶們被他的真誠打動，也為他的誠信折服，紛紛表示：「你為我們提供一年的便宜貨，我們也不能讓你吃虧，這樣吧！你增加五分錢，不就可以繼續經營了嗎？」島村先生同意了他們的提議。

接著，島村寧次拿著銷貨單找到了麻繩生產廠商，對他們說：「一年來，我按照你們給我的價格銷貨，銷量十分大，可是我不過是你們的義務推銷員，一分錢都沒有賺到，再這樣下去，我無法經營了。」生產廠商查看著一張張銷貨單，十分感動，主動說：「你為我們做了這麼多，我們也要為你負責。這樣吧！我們降低五分錢，給你留出利潤空間，你還是繼續經營吧！」

雙方這麼一讓，給島村寧次讓出了一毛錢的利潤，這在當時的麻繩市場可是很可觀的。

沒過幾年，島村就成為腰纏萬貫的富商。島村寧次後來深有感觸地認為，只有那些膽識謀略過人的企業家才敢對開始時吃虧，而後便佔大便宜的「原價銷售法」勇於為之。

原價銷售，是十分罕見的經商行為，沒有比這種方法更簡單的了，以低於市場零售價格賣東西，當然顧客盈門。可是島村寧次的賺錢訣竅到底在哪裡呢？他以看似笨拙簡單的做法，贏得客戶和廠商信賴，為自己贏得穩定的客戶群，也就贏得了充足的利潤空間。看到了嗎？廠商最後為什麼會讓利五分錢？因為島村寧次銷售出去的痲繩比別人多得多。

點到為智

天底下，賺錢的方法千千萬萬，然而往往最簡單的方法最賺錢。沃爾瑪堅持「天天平價」，用最低價銷售產品，結果成為世界第一。對顧客來說，低價是吸引他們的重要原因，誰也不想多花冤枉錢。沃爾瑪的做法在經濟學理論中實在太簡單，太明瞭了，然而就是這樣不值一提的做法，讓他賺足了金錢。也許有人會不解，為什麼他們憑藉簡單的經銷理論就會把生意做大？我們也可以「天天平價」，也可以「原價銷貨」，為什麼賺不到錢呢？下面，就讓我們來分析一下「簡單」背後的玄機吧！

1、簡單的原則是只做一點。

日本戰敗後，將全部精力投入到經濟建設中，湧現出很多出色的企業。這些企業非常注重理論學習，常常邀請歐美發達國家的經濟專家講課。一次，美國品質大師戴明博士應邀前往，他在給松下、SONY、本田等諸多大企業講課過程中，只講了一點：每天進步1%。日本企業接受這一理論，並努力去做，結果取得了神奇效果，一家家發展神速，促進日本經濟崛起。

日本企業的神話歷來令人稱奇，但是他們的做法卻如此簡單：保持每天進步一點，而不是求多、求快，甚至變幻花樣地求發展。人們常常覺得，實實在在地去做太簡單了，總要有些變化才好，其實每天進步1%，累積起來你就會實現飛躍和突破。有些人為了賺錢絞盡腦汁，想出千奇百怪的招數，卻沒有什麼效果。可是那些能夠賺大錢、成大事的人卻都是些簡單經營者。看一看比爾·蓋茲，他只做軟體；看一看喬治·索羅斯，他一心研究對沖基金，最終成為金融大鱷。回頭想一想島村寧次先生，他的經商之道更是簡單——「原價銷貨」，這是誰都可以做到的。有人說：上帝給每個人足夠的能力，讓他一輩子做好一件事。如果你也想經商賺錢，就從簡單開始，只去做一點。

以我們最為熟悉的股票行業來說，許多人都想著「不要把所有雞蛋放在一個籃子裡」，於是費盡心思地實現「多樣化」，整天研究各式各樣的股票，鑽研每位專家的股評，可是有幾個人賺到了錢？炒股很簡單，就是低點買、高點賣，把握住了這一點，比什麼都重要。

2、簡單的原則是長遠。

簡單經營，讓人更容易從長遠的角度去看問題。股神巴菲特有句名言：「如果一支股票我不想持有十年，那我根本就不碰它一下。」經濟學是建立在短期利益基礎上的，沒有短期利潤，企業很難存活，可是一味追求短期利潤，忽略長遠利益，又難以發展壯大。在這種情況下，簡單的行為，像低價銷售、誠信服務，都是兼顧兩者的做法。

一方面，簡單的經營理念讓你更容易取信顧客。誰也不願意在購物中還要多費心思，能夠買到質優價廉的物品，是每個顧客最大的心願，你簡單銷售，最能滿足他們這個心理訴求。

另一方面，簡單會讓你看得更長遠，要是每天都在考慮進行哪方面投資、怎麼樣取信顧客，會浪費大量精力和時間，也就無法從容地看待自己的生意，不能從長遠的角度去衡量自己的事業。相反，簡單經營，給你更寬裕的時間、精力，也給你更多成功的可能。

高雄縣美濃鎮有位養鱉的富翁，他用十幾年時間專心養鱉，先後開發出多種養殖技術，銷量很好。有些人看到他富有了，非常眼紅，也效仿養鱉，可是沒有一個堅持下來，很少有人賺到錢。當有人詢問那位富翁其中的原因時，他說：「今天看到養鱉賺錢，明天看到養魚賺錢，這樣來回折騰，誰也不會賺到錢。」

贏的秘密

要長遠利益還是短期利益，是困擾人終生的難題。創業者都想自己的企業能夠健康成長，發展越來越大，這就要求從長遠角度去衡量問題，因為壯大是未來的事。就像一個孩子，他要健康成長，必須要有營養保障。什麼樣的營養能保障當前又能兼顧未來呢？最簡單的辦法最實用，為他提供足夠的食物、給予愛心和關照。相對於企業，就是提供質優價廉的產品、時刻為顧客著想的服務，最終會讓你走向光明的未來。

第三章 隨處可見的免費招牌

擔心什麼？錢我來付！

傑瑞是一家公司老闆，經常飛行在世界各地，每年要有八十天的時間在外商務旅行。最近，他經常收到洲際飯店投遞的各種促銷活動。一開始，他沒當回事，認為促銷活動無非是變著法掏人腰包罷了。可是當他閒下來細心閱讀其中的條款時，不由得怦然心動。這些活動條款實在太優惠了，就連那些高級豪華飯店也提供買一送一活動，支付一晚的住宿費，可享受一晚免費；不僅如此，還允許跨地域使用，要是在歐洲進行商務活動，支付了三天住宿費，下次到日本，依然可以在連鎖飯店中享受三天免費。要知道，高級豪華飯店每天的住宿費可是價格不菲，三天免費居住，會節省下不小的開支呢！

傑瑞這麼一算計，頓時喜上眉梢，很快撥通洲際飯店的服務電話，他可不想錯過這個白送的「錢包」。

哪裡提供免費大餐，哪裡就會顧客盈門。翻開報紙，打開電視、網路，甚至走到街頭，隨處都可以看到「免費」二字，贈送的物品更是包羅萬象。商家們擺出一副謙卑的「高」姿態：擔心什麼？錢我來付！你們只管享受就可以了。在人們的潛意識裡，免費等同於撿錢，即便不是錢，也是有用的東西。

飯店是特別喜歡辦免費活動的行業，對他們而言，入住十位客人，每人收取十塊錢；遠遠比入住一位客人，直接收他一百塊錢更有利益。因為他們知道十位客人會為他們帶來更多客人；而且會消費更多的酒品、飯菜。

點到為智

誰不想把銀子賣出金子的價格，讓消費者搶購自己的產品並且引以為榮？可是這一夢想並非人人可得，消費者是上帝，他們眼光敏銳，資訊靈通，不會輕易為銀子支付購買金子的鈔票，甚至還想著以銀子的價格購買金子。如此「促銷」便成為活躍在人們視線中新的經濟名詞，從一餐速食、一個玩具，到網路業務、電信業務、美容美髮，幾乎天天都有類似活動，充斥著生活的分分秒秒。如果你不拒絕的話，每天都會享受到多種免費、優惠的服務。

1、免費附送。

最常見的免費方式就是無償附贈，主要是各種酬謝包裝；這種包裝也有多種形式，比如額外包裝，一瓶500ml洗髮精，附贈一包50ml洗髮精，還是原來的價格。也有包裝內贈，比如變大包裝，一瓶洗髮精由原來的500ml變為550ml，價格卻不變。還有功能包裝，在洗髮精外免費附贈護髮乳，花同樣的價錢得到兩樣不同的東西。

2、**無償試用**。

免費樣品隨處可見，許多廠商將產品送給顧客，讓顧客試用，不但一分錢不收，還會有熱情服務。

3、**其他各種方式**。

除了上述兩種外，商家採用的免費活動還有多種形式，比如優惠券、回贈、免費服務、免費培訓等等，以及多種多樣的促銷形式。

①打折活動。

如今價格戰早已不再新鮮，折價促銷形式更是花樣翻新，既可見到現金折扣、減價特賣，又有各種優惠券、優惠卡。這些低價經營活動無一不是以優惠價格面向市場，面向消費者。

②活動類促銷。

商家舉辦各種與產品有關的活動，吸引顧客注意，達到宣傳產品的目的，常見到的有商品發表會、抽獎、摸獎、製造或者利用一些話題事件等。

③直銷類促銷。

這種促銷具有現場性、親臨性兩個特點，會營造出強烈的銷售氛圍。直銷類促銷形式多樣，有產品演示、產品展列、特殊使用、名人助售等。

④服務類促銷。

為了顧客利益，為顧客提供各種優惠服務，讓顧客更樂於購買和使用自己的產品，充分表現出顧客滿意第一的觀念。像訂購訂做、送貨上門、免費培訓、免費維修、延期付款、追蹤服務等等。有些產品顧客需要一定知識才能正確使用，如果沒有這方面知識，產品只是一堆廢物，這時精明的商家就會提供免費培訓，先教顧客如何使用產品、如何保養產品等。

⑤會員制促銷。

採用入會方式，鼓勵消費者加入進來，可以享受到內部十分優惠的各種待遇、政策。一般來說，會員要繳納一定入會費，但是享受購物權、保護權、服務權、折扣權等種種權利。這種促銷方式便於商家鞏固穩定的顧客群。

4、多種促銷活動結合。

在現實經銷案例中，多數商家也會採用多種免費活動結合的方法。有一年，美國通用製粉公司推出了一款新產品——脆麥片＋葡萄乾，為了推銷產品，他們首先採用免費贈送樣品方式，透過郵遞給大量消費者寄去1.5盎司樣品，讓他們免費品嚐。同時，在樣品之外附送了一張七美分優惠券，如果顧客對樣品滿意，可以直接拿著優惠券去購買優惠產品。這個組合活動效果很好，吸引大量顧客前往購買新產品。

從多種多樣的促銷活動中，我們看出一點，這就是商家為顧客提供了大量免費或者低價產品，這些產品沒有直接產生利潤，或者利潤很低，但是卻需要很多成本。有人也許會奇怪，商家以大量產品辦促銷，不會加大成本嗎？他們這麼做難道不怕賠錢嗎？

贏的秘密

促銷的方式到底有多少種，恐怕很難數得清楚，然而現實卻讓很多商人皺起眉頭，雖然有的商家在贈送中贏取顧客，生意越做越大，可是也有不少商家只不過是在賠錢賺吆喝，虧掉老本，最終關門倒閉。促銷究竟是對是錯，那些在贈送中盈利的商家又是如何做到的呢？

他們是怎麼做到的？

某地有家巧克力公司，研製開發了一種口味獨特的巧克力，由於當地巧克力品牌眾多，一時難以打開銷路。快過年了，公司採取了一個促銷辦法，他們利用學生放假的機會，廉價雇請一批學生，讓他們在街頭向過往行人免費贈送巧克力，每人一顆。行人在品嚐到口味完全出乎意料的巧克力後，十分驚喜，前來購買者絡繹不絕。

在自己的產品不為人知的情況下，要讓人們掏錢購買很不容易。特別是一些剛剛起步的小公司、小企業，沒有名氣，資金不足，要想贈送產品又要付出很大的代價。不要以為免費贈送東西很簡單，這是需要大量人力和物力的。所以必須聰明些，以最低的代價將產品送出去。巧克力公司的做法就很巧妙，雇請工讀生，節省一筆開支；站在街頭，節省場地開支；而且年關將近，大街上人潮如流，贈送的對象又非常多，這樣就儲備了很多潛在顧客。如此一來，只要產品符合大眾口味，基本上就獲得了勝利的可能。

點到為智

商家們為什麼會如此不遺餘力地辦促銷活動，也許有人會不假思索地說：「當然是為了宣傳，多賣產品。」對！是為了多賣產品。然而，不要以為促銷就是把產品送出去或者賤賣清倉，其中蘊含著複雜的經濟理論。

促銷，完整的稱呼是銷售促進，簡稱SP，意思是透過向顧客傳遞本公司以及產品的有關資訊，說服並吸引他們購買自己的產品，擴大銷售。促銷是市場競爭過程中的一把利劍，也是產品快速進入市場的最佳途徑。現實經驗告訴我們，不是所有的商家都會做廣告，但肯定每個商家都要辦促銷。1991年，美國企業用於促銷的費用佔據整個市場推廣費的75％，從全球情況來看，促銷費用也是急遽攀升，增加率遠遠高於廣告費用。

為什麼人們會如此熱衷促銷呢？首先，促銷的內涵是一種溝通活動，是商家把各種資訊傳達給一個或者多個目標對象的過程。隨著經濟快速發展，消費者對產品要求更高，也有了更多更大挑選產品的餘地，如果商家不能即時與消費者溝通，無法讓消費者瞭解到自己的產品及其動態，彼此陌生，就很難進行下一步的購買行為。

其次，促銷是一種方法，是擴大產品銷量的手段。促銷做為行銷工具，可以明顯、快速、直接地激發顧客的購買慾望，讓他們看到購物帶來的種種好處。你要租房子，可以免收一個月租金；你要使用防毒軟體，免費送你初級版；你要看病吃藥，醫藥公司提供各種免費藥品，有時長達三個月；你要去飯店吃飯，為你準備免費停車場地……同時，促銷也是與對手競爭的辦法，比如降價、贈送、免費服務，都會有利於消費者購買自己的產品。

再次，促銷看重的是利潤，不以營建品牌為宗旨。促銷是打破人們的購買習慣，促成首次交易的好工具。許多人都是在深入瞭解產品之後，才去選擇產品的。這對很多新公司、新產品來說，進入市場就變得異常艱難。如果推出免費樣品、附贈等活動，會比較容易讓消費者接受。

從促銷的本質可以看出，促銷的根本目的是促進市場，這包括以下幾個方面：

1、促銷會縮短產品進入市場的時間，透過短程激勵，激起人們購買的積極性，讓人們盡快瞭解產品。

2、促銷會幫助消費者建立消費習慣，比如持續的免費試用活動，可以讓他們重複使用產品，進而覺得產品可靠、可用，穩定消費心理。

3、促銷可以直接提高銷售業績。不管是贈送還是折價，在利益驅動下，消費者購買量會大大增加，直接促進銷量提高。

4、促銷可以有利地抵制競爭對手，防止對手侵入自己的市場領域，並能夠擴張自己的地盤。

5、促銷在刺激一類產品銷售時，還會帶動相關產品銷售。上個世紀三〇年代，美國石油公司曾經成功地策劃一起促銷案例，他們向顧客免費贈送煤油燈，促進了煤油大量銷售。

在實際操作中，商家如何促銷才能達到自己的目的呢？

①促銷最主要的目的是為了招徠顧客。

產品會不會吸引顧客，只有顧客使用後才有決定權，這叫產品體驗。讓顧客最大限度地從各個方面去感知、認識、瞭解產品，是商家們最該努力的地方。

網際網路剛剛開創時，完全免費，沒有商業性，電子商務是幾年以後才出現的。這曾經給上網人士一個印象，網上的東西都是免費的，不用花錢。的確，網路上有很多免費東西，免費讀書、免費聊天、免費遊戲、免費查詢，無數免費業務讓網際網路具有了強大的行銷能力。對顧客來說，不瀏覽白不瀏覽，反正是免費的，沒有任何損失。對網路來說，意義卻不一樣，每多一個免費瀏覽者，就產生一個潛在付費的用戶。

因此，贈送產品的主要目的就是招徠顧客，這就提出了贈送的各種條件，需要商家從贈送方式、贈送物件、贈送時間等多個方面去考慮，選擇適合自己的辦法，以最低成本獲得最大受益。

②根據自己的實力和產品的特色選擇促銷活動的方式。

比如新產品上市推廣期，或者做為行業後起之秀，或者自己的產品具有獨特之處，要想搶佔市場，與強大的對手展開競爭，最有效的方法就是樣品贈送。免費樣品贈送是獲得消費者試購最有效的方法，還可以挖掘潛在客戶，吸引消費者目光。在實例中，食品、保健品、美容品較為適合這一方式。當產品進入一個全新市場時，也多採用免費贈送方式，日本化妝品品牌DHC進入中國市場時，就採用免費試用包形式，取得了很大的成功。

新品促銷，或者為了酬謝新、老顧客，或者賣場活動，都可以採取附贈方式。如買一送一，需要注意的是，新品促銷在買贈過程中，最好贈送不同的商品，即買A贈B，並選擇較為時尚的贈品。在激發顧客興趣的同時，可以避免給人降價的感覺。一般來說，附贈商品的成本應該控制在5％～

10%之間。

③仔細選擇促銷方式，以節約開支。

除了贈送產品外，在活動過程中，會動用大量人力和物力，需要一定成本開支。因此控制活動成本，也是必須考慮的因素。比如在社區辦贈送訂奶活動，用到場地、促銷人員、帳篷等，這就是一筆開支。

④選擇合適的人群，即潛在客戶群。

不是什麼人都是促銷對象，你要賣女性美容品，最好送給女士們，或者有可能為女士買單的男士，如果你送給兒童，等於白白浪費金錢。就是說，只有潛在客戶，才是自己需要重點促銷的對象，所以選擇合適的人群，是促銷活動的大關鍵。

贏的秘密

越來越多企業想透過免費贈送打開市場之門，各種免費資訊充斥人們耳目，特別是經濟蕭條時期，這似乎成為打動顧客的唯一途徑。但是有人說，免費的東西是最貴的！這是對消費者說的，還是對商家而言的？盈與虧，到底該如何去算？

第四章 盈虧公式新算

虧與贏，硬幣的兩面

年輕時，松下幸之助曾經在大阪電燈公司工作，他對電燈泡非常著迷，所以不惜花費代價從事改良工作，並成立了松下電器公司。可是公司剛剛成立，偏偏遇上經濟危機爆發，市場蕭條，銷量非常低迷。

松下幸之助一心想推廣自己的產品，於是做出一個大膽決定：用一萬個電燈泡做促銷活動，以便打開銷路。要想辦燈泡宣傳活動，必須有電源支持，讓消費者看到燈泡的亮度，才有可能產生效果。因此松下幸之助親自去拜訪岡田乾電池公司的老闆，希望他與自己合作，一起辦活動，並且贈送一萬個乾電池。

岡田老闆一向豪爽大方，可是聞聽此言，依然非常震驚，一萬個乾電池可是一筆很大的開支，這樣免費贈送太違背常理了。而且他認為松下幸之助剛剛成立公司，資金不足、家底不豐，如此做法還不把自己的產業葬送掉？然而松下幸之助十分真誠，也很果斷，對他說：「現在這種情況下，如果不辦贈送，顧客不會主動購買我的燈泡，與其坐以待斃，還不如放手一搏。對您來講，現在銷量一般，不過維持運轉而已，如果與我一起贈送乾電池，相信只要購買燈泡的人，都會想到您的電池。」

岡田最終被松下幸之助打動，答應與他合作，並且果真贈送了一萬個乾電池。結果，松下的燈泡與岡田的電池搭檔，效果極佳，達到了宣傳的目的。很快，電燈泡和乾電池的銷量都快速上升，松下幸之助的公司順利度過危機，名聲大振，生意越來越興旺。

一萬個電燈泡，對初創的松下公司來講，可不是個小數目，要是贈送出去消費者沒有迴響，公司基本上就走向絕路。就連豪爽的岡田老闆都在皺眉頭，可見其中隱含的危機多麼大。

松下幸之助孤注一擲的背後，在於他爭取到了岡田老闆的支持，為他提供了免費的乾電池。想一想，將一萬個電燈泡擺在櫃檯上，或者盲目送給顧客，可能多數人都沒有什麼特殊感覺。可是將電池和燈泡一併送出去，他們立即會體驗到電燈泡的好處，產生購買的心理準備。這是一個典型的雙贏促銷案例。

點到為智

現實中，很多公司在創立之初，都想透過促銷打開銷路，卻不見得人人都能成功。如果你不是松下幸之助，可能想到了拿出一萬個燈泡辦活動，卻想不到讓岡田老闆與自己一起辦活動，或者不敢勸說他與自己一起辦活動。松下先生的經驗告訴我們，促銷是否帶來利潤，還需要從多方面去考慮。虧還是盈？就像一枚硬幣的兩面，看你怎麼去看待。

在傳統商品經銷過程中，有盈虧平衡點這一說法，也叫保本點、收益轉捩點，指的是企業在不贏不虧狀態下必須達到的業務量，也就是銷售收入等於總成本。

盈虧平衡點的計算公式為BEP=TFC/(P-VC)，其中TFC為總固定成本，P為商品售價，VC為商品可變動成本。分析盈虧平衡點，對企業經營有什麼幫助呢？盈虧平衡點能夠反映出企業盈利和虧損情況，平衡點越低，表示公司適應市場變化能力越大，抗風險能力越強；相反，平衡點如果與預期銷售額接近，說明項目沒有利潤可圖。

盈虧平衡點是如何算出來的呢？先預算成本價格，即原材料採購價格和保利採購價格，再預算產品保本價格、保利價格。比如，一件產品零售價5元，銷量100件，固定總成本為260元，變動成本1元，這時利潤是不是5×100—260=240元呢？不是的，應該先算出平衡點，BEP=260/(5-1)，得出BEP為65，即銷售65件商品時，5×65 =325，行銷利潤才能達到平衡點。所以利潤應該是100—65=35，然後35×（5-1）= 140元。

從盈虧平衡點分析可以看出，產品利潤要經過層層剝皮，在平衡點不變的情況下，如果增加銷量，無疑是增加利潤的絕對手段。但是，如果一味低價，無法達到平衡點，照樣不賺錢。這在促銷中特別需要留意。

1、促銷需要一定條件。

不管哪種促銷，都需要一定條件才能進行，大多數人只知道促銷就是讓利，讓出部分利潤，或者不要利潤，以圖吸引消費者。確實，讓利是吸引消費者目光的利器，可是如果單純讓利，一分錢都不賺，公司就無法經營，長此以往，也只有走上關門大吉的路。

所以，不管短期利潤還是長期利潤，盈利是促銷的目的，沒有這個條件的促銷活動都是失敗的。很多中小企業都熱衷促銷活動，也知道讓利會增加顧客量，帶來更多利潤。問題是他們沒有注意到，讓利是不是帶來了更多的顧客？比如讓利十個點，營業額翻一番，就賺到更多錢了；可是多數情況下，讓利十個點，營業額與往常差不多，這樣的話，就會增加成本，降低利潤，得不償失。

在我們常常遇到的各種免費贈送活動中，會附帶很多條件，比如需要購買一定數量產品才能獲得贈送資格，比如某個日期出生的人可以獲得贈送等等。

2、怎樣讓利才賺錢？

增加客戶量是促銷的前提，要想達到這一目的，在具體操作中就要採取靈活多樣的形式。比如限制人數、時間、地域等。超市促銷中，往往用到這種方法，比如規定某某時間之前，購物達到一定金額後，可以享受某種免費贈送。這樣做，能夠促進消費者購買，使其不會錯失良機。選擇一部分人做為獎勵對象，像競賽、有獎問答，都會激發顧客的慾望。還可以採取分次獎勵法，第一次累積達到一定金額後，獎勵10％，第二次達到新的金額標準後，獎勵15％，以此類推，鼓勵消費。

兩家公司合作促銷，也是一種好辦法，前面講到的松下幸之助就是採用了這種方法。美國MCI電話公司也曾經與西北航空公司共同採取過這一促銷方式。活動規定：凡是用MCI公司長途電話的顧客，消費一美元，就給予五哩航程的積分點，積點達到兩萬哩分數時，西北航空公司就贈送給美國國內一張任何航程的往返機票。西北航空公司不會吃虧，因為他們可以得到MCI公司的一些補償。雙方盈利，何樂不為。

3、不同促銷會帶來截然不同的結果。

有家日營業額十萬元的超市請人設計促銷活動，第一次促銷讓超市每天虧損一萬多，而第二次促銷每天多賺一萬多，一虧一賺，中間差距兩萬多，兩次活動投入的成本都是一樣的，用來做活動的商品也一樣，特價商品也一樣，為什麼會有這麼大的差距？

原來，第一次促銷活動沒有對促銷商品做出限制，前來超市的人95％以上是衝著特價和活動商品去的。這兩樣商品一個讓利20％，一個以原價的50％出售，大量銷售自然造成虧損；同時，非促銷商品銷量不增反減，日營業額下降，虧損加大。第二次促銷就不同了，雖然大體內容與第一次相同，特價商品也是讓利20％，活動商品也是原價的50％，可是對活動做了細微的限制規定：購買非促銷商品一定金額後，才可以購買特價商品。這樣，一半以上的消費者購買了非促銷品後去買特價品，銷量大增，由於這類商品利潤空間大，盈利也就不在話下。

贏的秘密

看似虧本，實則蘊含利潤；看似利潤很大，卻沒有什麼賺頭。讓利促銷這一常見的經銷模式，其實暗藏玄機。做為商人，斤斤計較，打好算盤，什麼時候都不過時。

意見公司買意見

在日本，有些人創辦了一類特殊的公司——出售意見。「意見」也能成為商品，而且價值昂貴，令人耳目一新。可是公司自從開辦以來，各界前往索購「意見」的人士絡繹不絕，尤其是各廠商，有的去購買改進和開發產品的意見，有的去購買提高服務品質的意見，還有的去購買更新行銷方式的意見。

意見公司的「意見」都是怎麼產生的呢？很簡單，是公司從消費者那裡「收購」來的，他們將消費者的意見進行整理，分門別類轉賣給相關公司。為了收集更多意見，意見公司每月都會與幾十名年齡、文化、地域差距甚大的顧客保持聯繫，從他們那裡得到最新「意見」。

光子先生就經營這一家意見公司。有一次，有對夫婦給他提了個好「意見」，希望餐廳可以提供兒童託管業務。當夫婦倆忙碌一天，帶著孩子前來用餐時，飯館可以為他們照顧孩子，一來讓夫婦得到安心用餐的機會，重溫兩人世界的美好；二來可以提供適合孩子食用的飯菜，免得父母為了他們勉強點一些不怎麼喜歡的飯菜。這個意見讓光子大感興趣，他覺得很有價值，與同事們研究後，拓展思路，想出了在餐廳開設兒童玩樂休息場，讓孩子們安靜地玩耍、讀書的建議，並把它賣給一些餐廳老闆。

有位老闆聽了意見後，十分贊同，購買了光子的「意見」，並著手改造餐廳模式，增加了一塊專供兒童玩樂的場地。果然，新的模式吸引大量夫婦前來用餐。光子先生在這次出售意見中，也獲得可觀的利潤收入。

「意見」人人都有，卻不見得幾個人能看到它潛在的價值。特別是有些人，最煩別人提意見，但是經營生意，服務的對象是顧客，聽不到或者聽不進他們的意見，就等於閉門造車，造出來的「車」是不是合乎顧客口味，結果就很難說了。意見公司看準了這塊空地，在商家和消費者之間搭起一座橋樑，不斷輸送「意見」，也不斷從中贏利。在這一經營故事中，我們看到了肯為「意見」買單的商家，他們付出了昂貴的開支，為的是生產出符合顧客口味的產品。

點到為智

花大錢購買「意見」，然後再改造產品，這一成本會不會太大了？從前面分析的盈虧平衡公式可以看出，每增加一項開支，就會相對地縮小利潤空間。而對一家公司或者一宗生意，消費者不管從知識結構還是業務水準上說，都是業餘水準，他們怎麼可能與專業規劃師、市場調研員、專業管理人才相提並論呢？

誠然，公司必須有專業人才去規劃和管理，去設計和研發，才會站在相當的高度上去經營自己的事業。可是，公司是不斷發展變化的，是需要消費者共同參與的。當公司最初推出的產品受到消費者喜愛和使用後，他們會向更高、更寬的領域去發展這個產品。裏茲—卡爾頓旅館老闆舒爾茲曾經說過，顧客的需求和期望會不斷變化，即便能夠讓他們感到十分地滿意，也要認真聽取他們的意見，因為意見中傳達的資訊，會促進公司做出相對的改變。改變才能發展，正是在這一理念指導下，該旅館奪得了1992年美國波爾多裏奇品質獎。

1、顧客的意見會為公司節省行銷費用。

世界上很多公司以擅長聽取顧客意見聞名，都取得了不俗的業績。裏茲—卡爾頓旅館就具備完善的旅客資訊系統，他們要求員工必須瞭解每位旅客的喜好，如喜歡哪種品牌的飲料、喜歡哪種顏色等等，將這些資訊登記在案。每天一大早，旅館就開始根據客房預定表，檢索客戶檔案，以便員工為旅客做好各種準備工作。當旅客來到旅館時，首先門衛會從旅客行李上看到他們的姓名，隨即轉告服務台，服務台人員根據不同旅客提供個性化服務。在旅客入住期間，如果發生問題，或者有旅客投訴，必須有一人負責到底，並將旅客投訴的「意見」收錄到公司資料庫，留做日後參考之用。

聽取旅客意見，並且一絲不漏地收集這些意見，成為裏茲—卡爾頓旅館的經營特色。在這樣的管理下，大批旅客在此旅館住宿後，都對旅館的服務豎起大拇指，並介紹自己的親朋好友前來消費。這樣一來，旅館節省下了大量行銷費用。因為每位員工參與收集資訊，會迅速得到很多切實可行的「意見」，旅館可以快速做出反應，往往取得立竿見影的效果。這比起專業行銷策劃，舉行大規模促銷活動等，都要省錢得多。

2、向「跳槽」的顧客徵求意見。

在實際經營中，無論哪個商家都會遇到顧客「跳槽」的事情，他們為什麼放棄了自己的產品，選擇了別人的產品？如果商家能夠靜下心來，安排人員去徵求「跳槽顧客」的意見，一定會得到許多意想不到的答案。這些意見特別重要，往往一針見血地指出了商家目前存在的缺點和問題。

徵求跳槽顧客的意見，一來可以針對問題做出某種改正和承諾，留住部分跳槽顧客，二來可以根據這些意見做一下長遠打算，結合公司實際情況，分析他們跳槽的真正原因，並對改進後的投資收益做出準確評估，然後採用新行動。聽從消費者意見，甚至花錢買他們的「意見」，也會遭到某些人反對，他們認為一味顧及消費者意見是愚蠢的。特別是高層級產業，像軟體產業，具有明確和規範的開發流程和需求階段，規劃師會搜集各類用戶需求，並做出全面評估。合理的就保留採用，不合理的就棄之不用。對他們來說，購買「意見」猶如癡人說夢。

同時，消費者缺乏相關知識，要是按照他們的意見去設計產品，很容易造成「硬傷」，犯了基本性錯誤，使產品無法躍上新臺階。只有規劃師才可能站在全局的高度上，去把握引導顧客的真正需求。

贏的秘密

採納意見要慎重，不要被顧客意見左右，不要讓外行管理內行，而要從更高、更全面的角度上去設計、規劃和發展。

第五章

虧本經營背後的心理學

天下沒有免費的午餐

有個賣烤鴨的小商人，每天早出晚歸，在社區門口慘澹經營自己的生意。有一天傍晚，還剩下一隻鴨子時，來了兩位顧客，他將鴨子一劈為二，賣給他們一人半隻。可是鴨頭只有一個，沒有得到鴨頭的顧客不滿意：「我這半隻沒有鴨頭，怎麼和他的一樣價錢？」小商人怯怯地望望另外一個顧客，意思是他可否願意讓出自己半隻帶鴨頭的鴨子。但正巧這個顧客很喜歡吃鴨頭，沒有搭理商人，轉身要走。可是第一個顧客很固執，攔住他說：「不行，既然咱們花了一樣的錢，就要買到一樣的東西。」說完，堅持要小商人把鴨頭也劈成兩份。

小商人沒有辦法，只好照做了。望著顧客遠去的身影，他左思右想，覺得這件事情很有文章可做。後來，經過幾天的思索，他將自己的業務做了新調整，將每隻鴨子的頭都剁掉，鴨子按照原來的價格賣，鴨頭另外收錢，一塊錢一個。他妻子聽說了他的打算，不安地說：「這樣多賣一塊錢，顧客會不會嫌貴啊？」

小商人沒有跟妻子解釋，照樣推行自己的計畫。沒想到，這項新服務很受顧客青睞，不少人專門前來購買鴨頭，當然大多數也要買上一隻半隻鴨子，小商人的生意越來越興隆。沒多久，他開張了自己的第一間店面，開張時，他推出的促銷活動就是：一塊錢兩個鴨頭。人們聽說後，認為鴨頭降價促銷，購買者更多了。

鴨頭本來是與鴨子一起出售的，似乎本身並無多大價值。可是多收了一塊錢，反而有人願意付帳，是因為在顧客心目中，一塊錢一個鴨頭，比起十幾塊錢買一隻鴨子才能吃到一個鴨頭更實惠。這是求實心理的表現。至於一塊錢兩個鴨頭，顧客當然覺得更便宜了，也就樂意掏錢。

點到為智

面對商家鋪天蓋地的促銷行為，我們在前面幾章層層分析了商家促銷的種種理由，以及注意的各種問題。那麼從消費者角度來說，他們是如何接受促銷的呢？如果從他們的心理動機去分析，會為商家提供更可信、更科學的促銷方法。

這是一個充斥著免費、折價、優惠等字眼的時代，從一杯飲料到一份雜誌，從一台電腦到一張免費機票，各行各業都在用促銷打動顧客。在商家微笑地看著顧客光臨自己的生意時，顧客們的心中到底是怎麼想的？在他們踴躍參與的背後，到底是什麼力量促使他們做出這種舉動，難道他們真的以為「天下有免費的午餐？」

英國推出了行動通訊商Blyk業務，只要顧客合乎條件，可以申請Blyk的服務，獲得免費通話權利，當然必須附帶著填寫一張關於個人自身愛好的問卷。

顧客免費通話，Blyk靠什麼賺錢？奧妙原來在那一張似乎毫無關聯的問卷上，這份問卷如同一份市場調查，可以為許多廠商提供有用的資訊來源。Blyk正是靠出售廣告來賺錢，據估計他們發起的數百次廣告推廣中，回饋率達到29％，累積顧客超過102萬人次。

與Blyk類似，推出多種免費業務的通訊公司很多，比如美國的U. S. Pudding Media就為顧客提供VoIP服務，可以免費通話。不過這一服務是由廣告商贊助的，顧客需要同意自己的通話被他們監控。監控通話會有什麼價值？原來通話中說到的關鍵字可以被提取，廣告商根據這些語詞產生廣告，這時，你感興趣的話題、產品等內容就會出現在設備螢幕上，達到向你宣傳的目的。

看見了吧？這些案例明確地告訴人們：天下沒有免費的午餐。在你享受免費時，註定為商家帶來了某種利益。那麼為什麼還是有如此多的消費者熱衷免費，並且心甘情願為之付出呢？

消費心理是一門學問。在購買之前，顧客會有一定的需求，購買之後還有相關服務，所以說購買是一個連續性完整的過程。包括產生需求和動機，收取相關資訊，比較評估、做出購買準備，選擇和使用產品，以及使用後對產品的回饋和評價幾個步驟。

需求和動機來自顧客的心理深層，比如有些人不識幾個字，卻偏偏想著購買一套《百科全書》；有些人錢包裡沒幾個錢，卻喜歡穿著名牌。這些看似矛盾，並且不合常理的消費背後，表現出他們購買的動機。

動機一般有感情動機、理性動機和惠顧動機幾類。感情動機影響下的消費者，往往注重產品的外形、包裝、時尚，而不大在乎產品實用價值和價格；理性動機支援下，消費者會更多注意產品品質、實用性，也會對產品進行比較，選擇那些物美價廉的產品；惠顧動機指的是多次購買一家公司的產品，或者長期使用某個品牌的系列產品等等。

動機是購買的前提，從動機分析看出，顧客是否選擇某一產品，有著複雜的心理過程。在顧客實際購買過程中，一般存在從眾、求異、攀比、求實四種消費心理。

從眾指的是個人受到群體的引導或者壓力，趨向選擇與大多數人一致的商品。比如品牌、熱門旅遊點、流行鈴聲等，都適合從眾心理消費者。

求異與從眾截然相反，指的是個人與眾不同，採取與大眾相反的行為或者觀念，導致選擇商品時喜歡個性化，突出自我，這種心理年輕人特別明顯。

攀比是基於消費者身分、地位等，產生的一種「你有我也要有」的心理，這種心理在中國人市場普遍存在。比如購買電腦前，會想到某某也有了，我也要有一台。

至於求實，是消費者希望買到物有所值的物品，是一種較為理性的心理動機。

找對消費者的心理切入點，是促銷的根本問題。比如針對年輕顧客，可以採取刺激性強、包裝鮮明的促銷策略，以滿足他們求異心理。針對家庭主婦，可以突出價格優勢，並輔助一些引導行為，如宣傳某家電銷量多大，如何受到女性歡迎，給她們帶來多少方便，某某知名女性也是使用這款產品等等，會滿足家庭主婦求實、攀比的心理。

決定購買與否，很大程度上在於產品是不是引起顧客注意。不管是有意的還是無意的，都會導致顧客下一步的購買行動。著名的杜邦定律就指出：63%的消費者憑藉商品的包裝做出購買決策。據調查顯示，在超市中更有50%以上的顧客是在沒有計畫情況下購物的。

無計畫購物，為促銷活動提供良機。當顧客走進超市中，面對眾多光怪陸離、花樣百出的促銷，無意中注意到很多商品，也就產生了購買動機和行動。

普裏莫安得公司是美國著名包裝設計公司，他們認為：消費者一般分不出產品和包裝。對他們來說，產品就是包裝，包裝就是產品。這句話說的是包裝的意義，同時也讓我們看到包裝促銷的價值所在。一款產品，採取不同的包裝促銷，會有不同的效果，比如不同色彩給人不同的心理感受，紅色讓人感到熱情奔放，藍色讓人覺得沉穩安定。

以我們常見的現象為例，看看顧客為什麼會普遍抗拒新產品？如新的洗衣機上市，很少有家庭婦女敢去嘗試，大部分會採取觀望的態度。因為新產品的初次消費成本相對於老產品來說，要高一倍。如果花同樣價錢購買了新洗衣機，效果不好，還要花同樣的錢去買老品牌洗衣機。這樣來回一折騰，不等於多花了一倍的價錢嗎？所以說，消費者不願意用新產品做嘗試，這時促銷就應運而生，如果新洗衣機價格只是老品牌洗衣機的一半，或者乾脆讓妳免費試用，看看吧！求實心理起作用了，很多人願意為之付出。

贏的秘密

「雙贏」是促銷活動的實質，如果只是為了多賺顧客的錢，不顧及他們的心理，也是行不通的。

降價的實質：以退為進

有位商人，做事丟三落四，聽力也不好，經常忘記貨物的價格，賣東西時顧客問他：「這個多少錢？」他聽不清，顧客繼續問，他還是聽不清。一而再，再而三的這樣，顧客有些煩了，提高了嗓門。這時他回頭問問屋裡：「某某東西多少錢？」他老婆在屋裡沒好氣地吼了一句：「不是跟你說過好多次了嗎？80塊錢！」

商人聽了，笑臉面對顧客，頗不好意思地說：「50塊錢，讓你等了這麼長時間，就便宜10塊錢，40塊錢賣給你吧！」顧客一聽，喜出望外，付完錢拿著貨物一溜煙就跑了，他想著，今天怎麼碰上這麼個大傻子，太好了，以後還來買他的東西。

這個消息很快傳開，不少人前來光顧，結果這個「耳背」的商人發了財，成為當地最賺錢的生意人。

人人都有貪小便宜的心理，在便宜面前，人往往會失去理性的分析和判斷，忘記了「便宜」並不等於「佔便宜」。如果一件物品價值30元，你用30元買回來，這叫便宜；可是如果一件價值50元的物品，你才花了30元，那你是「佔便宜」了。

「耳背」商人正是抓住顧客愛佔便宜的心理，讓他以為花40塊錢買到了價值80塊錢的貨物，所以他會高興地付錢，並且長期前往購買。實際上，貨物究竟值多少錢，商人心裡非常清楚，這只不過是他的障眼法。

點到為智

消費者總是抱怨價格太貴，希望買到物美價廉，甚至是物超所值的的商品，這是降價銷售的心理基礎。很多商家在開業不久，遇到銷售不良時，第一個冒上心頭的想法就是降價，希望透過這個方法抓住顧客的心。然而，你便宜100，他們希望你便宜200，面對貪得無厭的佔便宜心理，降價往往成為生意失敗的導火線，直接引爆倒閉這顆炸彈。

降價是促銷的一種，要想讓降價促進銷售，其中有許多經濟學大道理。

首先，降價方式多種多樣，比如單品價格下調、及假日特價、幾款產品聯合降價、分期付款等等。

其次，不同降價方式，有著不同心理根基，適用不同行業和產品。

①組合式降價，指的是採取多種商品聯合降價的方式，比如同時購買甲、乙、丙三種商品時，可以打八折優惠。這種方式可以帶動銷量，能夠減少庫存，還可以帶動一些滯銷品銷售。

②單品價格下降，指的是一種商品下調價格，這種方式容易給人產生錯覺，以為商品品質出現問題，或者原來的價格太貴了。所以，採取這種方式時，應該抓好顧客心理，比如顧客愛佔

便宜的心理。化妝品業大部分十分喜歡這種方式，他們往往高價開業，然後在特殊日期打折、附帶贈送等等。

③對忠誠顧客打折，也是常見的降價措施。比如回饋優惠券，第一次購買贈送5塊錢優惠券，下次購買可以充當貨幣使用；或者累積購買多少錢後，享受幾折優惠等等。80％的生意是20％的客戶帶來的，如果能夠穩固這20％的顧客，那麼生意就會越做越興隆。

當然，打折降價的方式還有很多，如果從消費者心理出發，你會發現他們喜歡到人多的商店購物，他們愛面子、寧可多花錢也要買名牌，他們對產品有自己的「價格定位」，在這些心理影響下，如果善加引導，會讓打折行為發揮更大作用。

最後，在實際降價銷售活動中，需要把握一些技巧，如果以為降價就是簡單的降低價格，就是一種自殺性行為。

④降價一定要穩、準、狠，降價幅度要大。比同類同品質產品降低30％，銷量會迅速上升。如果降低5％，效果不明顯，對顧客刺激性不大。一般來講，要想分三次降價，每次降10％，遠遠沒有一次降價30％效果好。

⑤降價可以，但是不能亂了市場。如果降價引起連鎖反應，市場大亂，廠商之間的利潤鏈條斷掉，會讓降價行為徹底失敗。

⑥降價但要保證品質。品質怎麼樣，顧客心裡最清楚，如果以為低價位就可以提供他們品質差一些的產品，會讓他們特別失望。拉開和競爭對手的價差距離，才是競爭的正確趨勢。

⑦低價格可能會擴大市場，卻不一定能夠留住顧客。當有了更低價格的商品時，他們會轉向那些商品。因此價格策略中，必須考慮到顧客忠誠度問題，在降價同時，提高品質，或者採取其他一些配套措施，如企業文化宣傳，品牌建設，都不能放棄。

⑧降低價格，就不能提供個性化服務。一是個性化服務成本很高；二是追求低價格商品的顧客，一般不會追求個性化服務，他們容易接受普通服務。

⑨不要被動降價，看著別人降了，自己也跟著降。這種時候，顧客不會買你的帳，反而認為你是落水狗，等著你繼續降低價格。

要將降價當作一種策略，在做好成本控制的前提下，以主動降價爭取顧客，擴大市場。這種以退為進的做法，會很神奇地吸引顧客的目光，讓他們感激你的決策。

同時，降價是個全面行動，如果只是拿出幾款快要淘汰的商品辦特價，其他商品依然如故，這只會清除掉庫存，對於推動市場，提高利潤，爭取顧客，都沒有什麼作用，反而會讓顧客覺得你是糊弄人、沒誠心，進而降低廠商信譽度。等你下次辦特價時，不管是什麼商品，他們都認為是些過期產品。

價格之爭歷來是商家最看重的事情，也是企業發展中不可避免的問題。沃爾瑪以低價位贏取市場，從一家百貨店發展成為世界老大，依舊高呼著「天天平價」的主張。對剛剛起步的中小企業來說，低價依然是他們的法寶，只有打好這張牌，才有可能穩定發展。大陸聯想集團，起步時不過是一家代理商，也是透過低價戰略，成為國內第一，還成功併購IBM，如今已在世界排名第五。無數企業都是以價格行銷取得成功的，這在日本的品牌企業中更常見。

贏的秘密

降價銷售，容易給人造成產品品質下滑的印象。「一分錢一分貨」，這是多年來人們固有的思維習慣：你的產品價格低，肯定比同樣產品品質差。另外，商家都希望能夠建立一種長期的信譽和品牌形象，如果經濟危機時價格隨便下調，等到經濟復甦，再漲上去就如同登天。

所以有人說，低價不利於建立品牌。但是你要看到一點，處在發展階段的企業，價格行銷是重要的手段，沒有價格優勢如何進入市場，積賺第一桶金？更談不上品牌不品牌。所以，價格行銷主要放在起步階段，一旦企業擁有自己的品牌和形象，降不降價就要更慎重了。因為對顧客來說，除了價格，他們還會關心產品背後的東西。

他們更傾心產品背後的東西

有個小商販，為了推銷日常用品，在攤前設置了一個老鼠籠子，裡面放著幾隻老鼠，另外他還預備了另一個籠子，裡面用隔板分成幾個部分，每個部分都像一個老鼠窩，上面用筆粗略地寫著：10％、20％、30％……100％。小商販朝著來往行人吆喝：「老鼠送大運了，都來看看吧！不花錢隨便挑選東西啦！」

不花錢可以買東西，這是最吸引人的話題了，再加上那幾隻老鼠，不少人停下來觀望。一看之下明白了，小商販讓人隨便抓老鼠，放進那個空籠子裡，老鼠鑽進哪個洞，就可以享受上面標注的折扣價，最高100％，也就是白送。

這可是個新鮮招數，不少人想老鼠進了籠子，還不隨便亂跑，說不定就會跑進100％的洞裡，那自己就太划算了。反正不要錢，試試再說，不少人抱著這種想法，伸手抓老鼠。可是老鼠進了另一個籠子後，好像預算好的一樣，全都鑽進標著10％和20％的洞裡，其他洞連聞都不聞一下。

一來二去，人們有些困惑了，難道這些老鼠是訓練好的，要不然怎麼這麼一條心？可是既然事先講明了條件，也不好反悔，只好付款買東西。小商販用這個方法行走多個鄉鎮，效果一直不錯。這天，他來到一個新地方，照樣圍攏上來不少人。在大家嘻嘻哈哈的歡笑聲中，小商販又成功地推銷出去不少貨物。

天快黑了，小商販準備收拾貨物回家，突然過來一位年輕人，從身後的背包裡掏出兩隻老鼠說：「你的老鼠肯定是事先訓練的，你要有膽量，就讓我這兩隻老鼠進去試試。」小商販笑瞇瞇看著他，同意了他的要求。

年輕人把自己帶來的兩隻老鼠放進籠子，奇怪，牠們也是鑽進那兩個標著10%和20%的洞，這一下他啞口無言，眾人也都心悅誠服，暗地讚嘆這位小商販的奇招。

小商販心中清楚，原來他瞭解老鼠的習性，這種動物是群居的，一般會在同類生活過的地方出沒，因為這些地方留有牠們的氣味。小商販正是抓住老鼠的這個特點，在標有10%和20%的洞內預先撒上老鼠毛和老鼠糞，這樣，不管什麼老鼠，都會以為這兩個洞是安全的，是可以進去的，而其他洞則最好不要光顧為妙。

免費、折扣，固然吸引顧客，可是聰明的小商販還善於利用人們的好奇心，促成了自己的這一賺錢絕招。從顧客心理分析，我們會看到，除了產品本身、價格之外，還有更重要的東西吸引著他們。

如果小商販只是標出優惠10%、20%，甚至50%，也不會引起這麼強烈的迴響。可見，產品背後，一定還有更多吸引顧客的因素，這既有好奇心，還有參與心理、獲取心理、從眾心理、炫耀心理，以及恐懼心理等等，更有來自產品包裝、服務等多方面因素。

人們選擇產品，往往是一個滿足自我心理的過程，同時也在選擇產品背後的企業和文化。比如兒童，他們好奇心強，容易對那些新奇好玩的東西感興趣，同時他們還具有超強的模仿能力，別人有的東西，他們也想得到。另一方面，兒童心理不夠穩定，消費純屬靠情感支配，對產品產生興趣、失去興趣都特別快。如果你是經營兒童產品的，那麼從這一特點出發，就該在經營中注意：增加花色品種，不斷更新包裝和樣式，讓產品更好玩、更有趣，或者與智力遊戲結合等等。再有，年輕女性消費，也有明顯特點，她們更關注商品的個性、品味，是否具有藝術美。所以針對她們的心理，商品就要追求時尚、美觀，還要突出一些特色，諸如裝飾性，造型以及服務等。

有這麼一個典型案例，一家7-ELEVEn的冷藏櫃，以擺放出售甜點和手工點心為主。一開始，這個冷藏櫃被設計成七層，每層陳列著不同點心，專門供應那些早起上班或者上學的顧客。可是經營一段時間後，商家發現銷量一般，他們就將冷藏櫃由七層改為六層，結果這一小小變動收效極佳，銷量迅速上升。

原來，在便利店購物的消費者多是有目的的購物，他們知道自己要買什麼才來到店內，所以一般會直接到擺放著自己需要的商品的專櫃前，而不是像在超市中一樣到處亂逛。因此，根據7-ELEVEn經驗，如果顧客在店內能夠停留五分鐘以下，回購率會達到90％。對於那些早起上班或者上學的顧客，他們大多時間緊迫，不會浪費時間挑挑選選，最有可能選擇那些視力所及的商品。將冷藏櫃減少一層，雖然空間變少了，卻利於他們看得清楚，主動吸引他們選取自己喜歡的商品。

身為企業經營者，尤其是小企業經營者，在多種促銷策略中，一定要注意看透顧客對產品背後的心理需求，這樣會起到事半功倍的效果。

1、利用好顧客心理。

顧客心理雖然是多種多樣的，但也有規律可循，一般顧客擺脫不了前面述及的求實、求異、從眾、攀比四種心理。如果從不同消費者群體出發，會更為明確地瞭解不同人群的消費心理需求，知道如何為他們提供服務。

汽車市場上，車輛的顏色會影響到銷售情況。一些受歡迎的色彩會給產品增加20％的附加價值，這些汽車很少優惠，有些商家甚至會加價銷售，卻依然大受歡迎。如比法拉力，它的設計就非常具有特色。

車輛顏色設計如同外觀一樣重要，這完全是依來往顧客消費心理需求。什麼樣的顏色最合適？就是那些受他們喜愛的。顧客對每一款產品最初的感覺首先來自於色彩，其後才是形狀。據研究，顧客在看到產品的最初20秒內，色感印象佔據80％的比例。而最初印象是非常特殊的，一般顧客在關注商品不到1秒內，就會從無意觀察轉變為有意觀察，然後就是下一步要不要購買的思想鬥爭。

所以，抓住顧客心理，給他們留下好印象，就要從色彩、包裝入手，這會使產品更容易接近顧客。比如老年人用品，可以選擇單一、柔和的色調，避免花俏刺激的顏色，還可以選擇一些象徵性東西，像松樹、仙鶴代表益壽延年，會給他們留下好印象。

2、充分利用顧客心理需求。

顧客有不同心理需求，而且往往多種心理需求並存。例如女性對化妝品需求，既是愛美的表現，也有炫耀、佔有、與人交往等心理需求，因此促銷過程中，需要從多方面去瞭解顧客心理需求，並從這些方面一一提醒，促使女性做出購買的決定。所以我們看到無數化妝品廣告都邀請最漂亮、最有名的女星做代言，這會讓顧客對商品產生求美、炫耀的心理：連某某大明星都用的化妝品，我都擁有了，太令人驕傲了！

我們常見的保健品、化妝品直銷案例中，有許多利用顧客心理需求的事情發生。有位銷售員在推銷化妝品時，過來一位年輕男子要她展示產品。銷售員邊展示邊講解產品的優點，展示完畢，對男子說：「這款產品就剩最後幾款了，預估今天就會銷售一空。」男子聽了，立刻掏錢買下產品，並說：「我女朋友一直為臉上的雀斑發愁，妳這款產品效果不錯，要是她用了，會更漂亮的。」男子的佔有心理，讓他最終決定了購買。

從顧客的心理需求開始，去設計研發產品，去推銷介紹產品，都是很有效、很直接的經營辦法。但是違背顧客心理需求，就不會有好結果了。你對一個兒童大肆宣揚自己的產品如何結實耐用、便宜實惠，不如向他推薦一款新穎的玩具，會更容易打動他。你對一位平凡家庭主婦，宣揚家電產品如何具有個性、奇特，家電公司如何注重文化、產品更新，還不如直接告訴她：「現在正在辦特價，購買這款電磁爐，優惠15％。另外，我們還提供免費維修服務。」

不相信的話，不妨試試以下這道選擇題：

你準備購買一瓶沙拉醬，給你兩種選擇：①可以贈送一罐價值5塊錢的果凍粉；②享受2塊錢折扣優惠。你會選擇什麼？

還有一種情況，也給你兩種選擇：①同時購買一瓶沙拉醬和一罐果凍粉，得到5塊錢折扣優惠；②購買一瓶沙拉醬，可享受2塊錢折扣。你會選擇哪個？

多數人在第一種情況下，會選擇①，因為5塊錢的果凍粉要比2塊錢折扣更優厚；在第二種情況下，選擇①的人數大大降低，因為兩種產品才獲贈5塊錢折扣，與第一種情況相比，顯然不夠實惠。

這裡就提醒商家，辦贈送也好，做活動也罷，不抓住顧客心理，你會無法得到想要的東西。怎麼辦？很簡單，不要告訴顧客贈品的價格，只強調它的實用性，這會減少很多麻煩。如果沒有標明果凍粉價值5塊錢，很多喜歡果凍粉的人在第二種情況下，照樣會選擇①。

贏的秘密

讓顧客做出選擇，你的經營才剛剛開始，如何讓顧客記住自己，是更該注意的地方。

讓顧客記住你

家萱剛剛大學畢業，開了家網路批發店，專門做服裝生意。有一次，一位新客戶收到貨後，立即打來電話質問她，說少了一件衣服。家萱很奇怪，忙問她缺了哪個款型，客戶報上款型後，她覺得很納悶，那款服裝她印象特別深，本來打算留著自己穿的，可是只有一件了，基於為客戶著想，她還是忍痛割愛郵寄走了，客戶怎麼說沒收到呢？

家萱心想，這下麻煩了，要是與客戶講理，非要說自己寄出去了，肯定會得罪客戶，聽她語氣，現在正在氣頭上呢！要是承認衣服少了，不但損失一件衣服的錢，還讓客戶覺得自己服務不周到。到底怎麼做好呢？她急中生智，突然轉移話題，對客戶講：「除了少這款衣服外，您還有什麼其他不滿意的地方嗎？」

客戶一聽，停頓了一下說：「那倒沒有。」

聽了這話，家萱進一步問：「其他貨物品質方面還可以嗎？」

「很滿意！」客戶轉怒為喜。

家萱對自己的產品品質一直很有信心，聽了這話，初步確定客戶不是故意找碴，因此很誠懇地繼續與客戶交流，並講述了自己裝貨和發貨的全部過程，最後說：「您先別生氣，麻煩您再找找，是不是進貨比較多，不小心丟到哪裡去了。如果確實找不到，您也別當回事。這一件衣服算我的，下次我給您補上。」

客戶聽到這話，大出意料：「沒想到妳這麼大方。我這幾天運氣不佳，做什麼都不順心。看妳脾氣還不錯，我也不跟妳計較了。」

家萱接著她的話題說：「我這麼做，也是覺得您很誠懇，咱們初次交易，難免會出現問題。您對我的產品還是比較滿意的，能不能繼續合作呢？」

客戶笑起來：「只要產品品質好，服務到位，我當然會繼續進妳的貨。」

果然，沒過三天客戶打電話要求補貨。家萱很熱情地問她那件衣服是不是找到了，當聽說依然沒有找到時，當即表示這次給她補上。

幾天後，客戶告訴家萱那件衣服從衣櫃底下找到了，向她表示歉意，並主動要求補償多餘那件衣服的錢。就這樣，客戶被留住了，並成了家萱的一位元老級客戶，一年銷售佔她總銷量的50%。

客戶的心理很複雜，有時候爭辯往往會起反作用。家萱的辦法就是忍一時，顧大局。但是忍會賠錢，家萱的生意本來利潤很低，一次損失一件衣服，估計連本都保不住。

既然保不住本，為什麼還要忍呢？因為她想留住客戶。在商品異常豐富、市場日趨飽和的時代，客戶關係是商家最寶貴的資產，沒有了客戶，無法去經營。

忍，並不是客戶說什麼就是什麼，需要從客戶心理出發，與他們進行有效溝通。溝通就是一把鑰匙，會打開客戶心結，進而轉虧為盈。

點到為智

俗話說：「放長線釣大魚。」對顧客做出的種種讓步，無非就是為了這一個目標。與顧客的關係不是一朝一夕建立起來的，要想讓顧客記住自己，是一個長期的細緻工作。

1、從第一次認識開始。

與顧客關係，是從第一次認識開始的。如何給顧客良好的第一印象，是比較關鍵的。為什麼那麼多商家都在提倡微笑服務？就是為了給客人一個好印象。

適當的自我介紹也是第一次認識的重要內容，當客人走進你的店鋪時，應該將店內最主要的特色呈現給他。這就像人與人相識，進行簡短、明確的自我介紹，會讓對方快速、自然地認識你，避免產生不必要的麻煩。比如在美容店內，對那些容易抱怨、脾氣暴躁的顧客，要是美容師主動、即時做一番自我介紹，會消解他們的疑惑，免得他們以為是助理在為自己服務。

2、善於聆聽和詢問，從客人那裡獲取他的心理需求。

誰都想得到重視，顧客購物過程也希望實現這一心理需求。重視顧客，就要針對他的興趣給予理解和關心。這時，聆聽顧客的心聲，會得到切實可行的資訊。

怎麼樣瞭解顧客的興趣呢？聆聽之外，還要學會詢問的技巧。比如顧客希望購買治療青春痘的化妝品，你有兩種提問方法：A.您以前用過什麼樣的祛痘產品？B.您以前用過這款化妝品嗎？你會用哪種方法提問？選擇A，是一種開放式詢問，會讓顧客有機會說明對他們來說哪些是重要的，你也就有可能從中得到一些資訊，並做出有效回應。選擇B，你會得到完全不同的答案，顧客可能只會簡短地說一個字「YES」或者「NO」，那麼你能從中得到什麼呢？又如何與顧客進行深入交流呢？

3、選擇適當的贈品。

贈送顧客禮物，是與他們繼續往來的一個好辦法。很多商家都喜歡在賣產品之外，附帶一張自己的名片或者小禮物，希望增加回購率。贈品確實會給人好感，卻不見得一定增加回購率，如果總是送給顧客一些低廉的、重複的小贈品，反而會讓他們反感。可是送給顧客太高級的禮物，成本又太高，怎麼辦？

選擇有針對性贈品，如捆綁式贈品，顧客購買多少產品，可以選擇一個比較實用或者自己喜歡的贈品，這比起漫天撒網有吸引力得多。有家保險公司就非常懂得贈送之道，他們推出了一次贈送橄欖油，和長期贈送鮮奶活動。

先說橄欖油，屬於比較名貴的食用油品，而且顧客每天都會使用。這讓他們一日三餐都能享受到公司的優惠政策，不得不記起你。

贈送牛奶，本不是新鮮招數，問題是這家公司不同以往一次贈送，而是選擇了每日贈送的方法，與牛奶公司合作，每天早晨將新鮮牛奶送上家門，讓顧客天天想到你。

4、後續服務，拉近與顧客的關係。

後續服務，已經成為現代商業重要特色，打電話、問候、賀卡、拜訪都會改善與顧客關係，拉近與他們的距離。

後續服務也是有成本的，選擇最恰當的溝通方法會為你節省開支。比如你親自拜訪顧客，在太忙碌或者疲倦時，會感到力不從心，這時不如打通電話，發個E-mail，既簡單，還減少顧客麻煩。

贏的秘密

如果顧客拒絕了你，不要急著將對方從潛在顧客名單中刪除，換個時間、換個方式與他聯繫，可能會有新突破。

維持聯繫的方法很多，比如辦一次調查，對產品的受眾進行一次重要問題調查，或者定期發表與自己的業務有關的資訊，都會拉近彼此之間的關係。

參與是最好的說服力

一家商店取了個奇怪的店名——「老闆無主意」。這位無主意的老闆名叫小柳茂孝，是位日本人。當初，小柳先生開張經營時，打出自己店鋪的招牌，立即引來很多關注，人們議論紛紛：「老闆無主意，這是什麼意思？」「對啊！老闆無主意還開什麼店？這不是拿錢胡鬧嗎？」

也有人出於好奇，走進店鋪一探究竟，這才瞭解了小柳先生的本意。原來「老闆無主意」，就是說老闆沒有進貨權，他需要徵求顧客的意見，讓他們決定應該進哪些貨。如果顧客提議進的貨銷量好，小柳先生還會給他們獎勵。

這個主意讓顧客們精神大振，前來光顧者絡繹不絕，他們不但提出各式各樣的主張、建議應該進什麼貨，還會購買大量商品。如此一來，小柳先生的生意蒸蒸日上，在競爭激烈的市場中佔據了一席之地。

老闆不當家，顧客說了算，這可是個新鮮事，小柳先生正是抓住了顧客的參與心理，並加以充分發掘利用，賺到了錢。

可是開店的成本、進貨的成本都是小柳先生自己掏，而且還給顧客獎勵，這不是擺明了多一份開支嗎？賠了誰負責？如果你這麼認為，那麼出發點就錯了。人都有一種參與心理，希望自己的主張得到重視，小柳先生的做法正是出於這一目的，給顧客提供了表達自己的機會，沒有比這種辦法更能引起顧客積極性了。想一想，你是願意被動地接受店家推薦的產品，還是希望根據自己的喜好選擇產品？答案不言而明。

點到為智

「酒香不怕巷子深」的時代已經過去了，所以我們會看到鋪天蓋地的宣傳廣告和促銷活動，目的就是讓顧客知道自己的產品和企業。怎樣讓顧客瞭解自己，引起他們的積極性，這是現代經營最核心問題。

讓顧客參與進來，當然會極大促進他們的積極性。在各種經營方案中，讓顧客參與的方式非常多。上個世紀九〇年代，飛機製造業競爭十分激烈，本來處於老大地位的美國波音公司受到嚴重挑戰，為了保住自己的地位，他們推出了波音777型噴射式飛機。

這款新型飛機的上市，波音公司正是採納了多家客戶建議的結果。最初，美國聯合航空公司打算購買波音777，可是他們提出自己的要求，必須參與飛機設計和製造過程，而且希望不要和從前一樣，飛機交貨後還要檢查是否存在缺陷；而是能夠在第一天就可以正常飛行。

波音公司同意了聯合公司的提議，並且向其他客戶發出邀請，希望他們也參與飛機設計與製造過程。結果先後有八家航空公司接受邀請，參與了新型飛機設計活動。

各家航空公司的參與，為新型飛機的設計和製造避免了很多不必要的失誤。首先，他們認為波音公司推出的777型客機，如果採用了不同的燃料儀表板，那麼他們就要使用不同的運輸車，這樣一來會增加自己的成本。波音公司從航空公司的利益出發，沒有採用新型儀表板，而是使用了與747型客機同樣的儀表板，這樣航空公司就可以使用同款運輸車。其次，航空公司根據以往經驗，認為燃料箱中的鍍銀配線很容易腐蝕，所以要求不再安裝這樣的配線。波音公司聽取這個建議，將鍍銀配線改成鍍鎳配線，有效杜絕了腐蝕問題。

在設計和製造過程中，波音公司接連收到各種建議，直到設計成功，累積收到144張訂單和99個專賣權。這為波音777飛機成功推向市場打下了良好基礎。

為什麼讓顧客參與會有著如此神奇的效果呢？原因很簡單，顧客希望瞭解事情的真相，希望產品合乎自己的口味。

1、參與會讓顧客清楚促銷的理由。

促銷還需要理由嗎？是的。以房地產為例，我們看到房地產業者們每次降價之前，都會找到很合適的理由。沒有理由是不敢貿然降價的，因為顧客會認為房子品質有問題，或者房產業要崩盤，在這樣的心理作用下，他們是不會輕易買房子。而且會影響到房地產業者的信譽，形成惡性循環，很難擺脫。

讓顧客參與進來，情況就大大不一樣了。諸如讓顧客收集某種化妝品空瓶，達到一定數量可以換取產品。這種方法在店鋪銷售中往往效果明顯，比起單純打折和贈送有效得多。因為有條件的促銷，提高了活動的可信度，讓顧客更密切地進入活動過程中。香港某家化妝品公司在大陸辦活動時，就採取了這種方法，有著不錯的效果。

2、參與是最好的說服力。

如果你參加一次保健品或者化妝品展銷會，一定會被潮水般的宣傳畫面所震撼。只要你走進會場，不管哪家公司哪個部門，立即塞給你一堆堆、一張張製作精美的宣傳單，讓你目不暇給，拿都拿不完。可是細想之下，這麼多宣傳單有幾張起作用？

回答問題之前，請先來做一道選擇題：

A、在大街上人潮集中的地方，得到某家公司免費發送的美容卡。

B、在商場購物，累積一定點數獲得的美容卡。

你會選擇哪張美容卡去做美容呢？

有意思的是，多數人會選擇後者。究其原因，很可能在於第一種方法太常見了，而且有種強加於人的感覺，讓人反感；第二種方法則不同，是顧客花費一定心血或者金錢才得到的，有了付出才有回報，會讓人更可信，更懂得珍惜。

更多的參與行為帶動了顧客的積極性，同時參與的方式也越來越寬泛和深入。比如有家公司利用人們提倡公益和慈善的心理，開展了一次很有效的促銷活動。他們推出的主題是「愛護弱勢群體，做漂亮的愛心媽媽。」這一活動呼籲人們關心那些貧窮落後的失學兒童，為他們捐助助學金，可以得到公司回饋的愛心美容卡，憑藉此卡可以得到一定期限的美容服務。這項活動引起了很好的社會迴響，各級慈善機構也給予了大力支持。

這種愛心參與滿足了現代人普遍缺乏愛與被愛的心理需求。社會心理學家馬斯洛曾經說，愛和被愛是人的一種權利，是人的精神歸宿，沒有愛很可憐，人性會得不到釋放，會無法活下去。

贏的秘密

如果讓顧客參與經營，會極大引起他們的熱情，增加企業和產品的可信度。當然，顧客參與，除了他本人給你帶來的直接利益外，還會提供潛在的顧客群來擴大市場空間，這才是商家抓住每個顧客不鬆手的原因。

二五〇定律

在美國紐約州，曾有一家三流旅店，由於經營沒有什麼特色，生意一直很不好，蕭條冷淡，舉步維艱。旅店老闆由於受知識經驗所限，一直無計可施，愁眉不展，死撐硬熬，得過且過。

有一天，一個老朋友來看望他，看到旅店的經營情況和老闆無可奈何的表情，很同情，就決定幫他一次。朋友看到旅店後面有一塊空曠的平地閒置無用，就給老闆出了個主意，老闆聽後喜形於色，立即行動，按照朋友的建議去做。

第二天，旅店貼出一張醒目的廣告，「親愛的顧客，您好！本旅店山後有一塊空地，專門開闢出來，用於旅客朋友種植紀念樹之用。如果您對此感興趣，認為是一件有意義的事情，不妨前來，親手種下十棵樹，本店願為您拍照留念，並在樹上掛上木牌，刻上您的尊姓大名和植樹日期，當您再度光臨本店時，小樹定已枝繁葉茂，用一片片碧綠的葉子歡迎您。本店免費提供場地，只收取購買樹苗成本費200美元。」

人們對此事廣為議論，有些人懷疑老闆在故弄玄虛，畢竟在一片空地上種樹比較麻煩，而且對旅店經營似乎沒有什麼利潤可圖。

不過也有人願意嘗試一下，慢慢地，為了種樹前來用餐的旅客逐漸增多。老闆不負前言，果真為他們開闢出了種樹場所，並按照廣告所說提供樹苗、用具，一分錢也不多收。這些旅客種下小樹後，對老闆和旅店的服務大加讚賞，回去後也極力宣揚此事，而且隔不多久就帶著孩子和親人專程去探望自己種下的樹苗。當漫步林中，看到樹苗茁壯成長，一派蔥蔥鬱鬱的氣象時，他們都有說不出的高興。

就這樣，一傳十，十傳百，一批旅客種下一片小樹，一片小樹又吸引來一批旅客，旅店靠這片樹林，生意越做越好。

一家經營不善的旅店，竟然起死回生，靠的是吸引了顧客的注意力，而且讓他們為自己帶來更多顧客。這家旅店的經營正是表現了美國著名推銷員喬・吉拉德提出的著名的二五〇定律：每一位顧客身後，大約有250名親朋好友。如果你贏得了一位顧客的好感，就意味著贏得了250個人的好感；反之，如果你得罪了一名顧客，也就意味著得罪了250名顧客。

點到為智

二五〇定律告訴我們，必須認真對待自己的每一位顧客，因為每一位顧客身後都有一個相對穩定的、數量不小的群體，善待他們，等於為自己贏取一個廣闊的市場。如果你不相信，可以從吉拉德的故事中去仔細品味。

年輕的喬・吉拉德過得非常失敗，他患有口吃，嚴重影響與人交流。為此他相當灰心，在接連換了四十多個工作，依然一無所成的情況下，他自暴自棄，養成了偷竊、賭博等惡習，並且負債累累。像他這種情況，猶如一家面臨倒閉的企業，靠什麼反彈呢？

吉拉德無路可走，準備去當一名汽車銷售員，可是銷售經理並不歡迎他，因為市場有限，多一位銷售員，會多一個吃蛋糕的人。吉拉德被逼無奈，只好說：「我不會在汽車展示廳裡推銷汽車，我會自己去找顧客。」可是他整整跑了一天，打了一天電話，卻一無所獲。後來某一天，他去參加朋友母親的葬禮，當看到主持儀式人員派發彌撒通知單時，忽然靈機一動，心想這種通知單造價不低，主持葬禮的人是怎麼知道該印發多少張呢？

不久，他成功地向一位殯儀館館主推銷了一輛汽車後，忍不住提出自己的疑問。這時，殯儀館館主說出一個他自己也想不到竟成為銷售界至理名言的數字：250人，根據經驗，印發250張通知單差不多夠用。就是說，每位已故人士身後，大約有250位關係密切的、重要的親朋好友會來參加葬禮。

這一發現讓吉拉德大為激動，他立刻意識到這個數字可以運用在自己的事業中。每一位與自己做生意的顧客，身後都有250名潛在顧客，如果讓一位顧客對自己滿意，等於得到250個人好感；如果得罪一位顧客，相對地會損失250名潛在顧客。於是吉拉德改變以往銷售模式，每天將二五〇定律牢記在心，與每位顧客維繫好關係，並充分引起他們積極性，為自己介紹新客戶。結果他成功了，以售出13000多輛汽車的紀錄被載入吉尼斯大全，被稱為最偉大的銷售員。

二五〇定律適用於從事任何生意的人士，做生意就是要銷售貨物，如果秉持二五〇定律，牢牢抓住顧客的心，生意會越做越大。

1、生意至上，不得罪任何顧客。

有句話「顧客就是上帝」，要是你有什麼疑問，可以用二五〇定律來推斷一下，假如你新年第一天就得罪了兩個顧客，那麼你算算，到了年底可能會有5000人不願意和你做生意。這個比例怵目驚心，因此你最好牢記二五〇定律，抱定生意至上的態度，不要因為自己的情緒、感情趕走任何顧客。

不得罪顧客，除了真心服務外，有必要多去讚美他們。比如誇誇他的孩子多麼可愛，讚美一下她的衣著如何得體等。當然，讚美與奉承不同，要把握好尺度，如果讓人覺得你為了賣給他產品而奉承他的話，會得不償失。

還有，要不要對顧客撒謊？賣給顧客產品，誠實是基本素質，如果你的電磁爐每小時耗電2千瓦，你偏偏說耗電0.5千瓦，等到顧客使用後，你也就死定了。可是有些時候，比如顧客拿著自己的舊產品問你，這個產品可以折合多少錢時，你會怎麼辦？很多人會不假思索地說出一句話：「這個破東西啊……」這會讓顧客大大難過，倒不如說：「這個產品保養好了，可以用十幾年呢！」

2、向每個人推銷自己的產品和企業。

設法讓人知道你是做什麼的，那麼多企業之所以熱衷於廣告，原因就在於此。許多推銷員都為送不出去名片而發愁，但你知道吉拉德是怎麼做的嗎？他會在運動場上拋灑名片，會在付帳時遞上名片。總之，只要有人知道你，就有可能光顧你的生意。

法國億而富機油前總裁，每年都訂下目標，要與1000人交換名片，並跟其中的200人保持聯絡，跟其中的50人成為朋友。他遵循的法則就是：結識的人數越多，預期成為朋友的人數佔所結識總人數的比例越穩定，接觸到的資訊就越多，達成交易的可能性就越大。

3、建立顧客檔案，更深入全面地瞭解每位顧客。

在檔案中記錄顧客的喜好、學歷、成就、職業等，會讓你與他交流時，能夠輕易地切入話題，讓他喜歡你，進一步相信你。好感是成交的前提，對你心存好感的人永遠不會讓你失望。

4、讓顧客切實地感受產品。

很多商家為了保護產品，常常掛出「請勿觸摸」的牌子，可是這樣會讓顧客感到生疏，難以對產品產生好感。相反，如果讓顧客親身感受產品，使用產品，會增進他們的情感。吉拉德在出售汽車時，總是鼓勵顧客去聞聞新車的味道，並建議他們試開，甚至開回去讓老婆和孩子看看。他發現顧客只要開回去，基本上就會購買這輛新車。

誰都有好奇心，嘗試、觸摸和操作，會讓顧客參與其中，吸引他們的感官，這樣商家就容易與顧客進一步交流。

5、讓顧客幫助自己，去尋找250名潛在顧客。

每人身後都有250名潛在客戶，可是如何去開發他們呢？首先，要對顧客說明自己的用意，比如交給他們一盒名片，跟他們說明幫助自己帶來新客戶，會得到一定回報。吉拉德在引起顧客積極性方面十分捨得投入，他給每位幫助自己帶來新客戶的人提供25美元回報。當然並非這些人都會購買自己的產品，但他照付不誤，他說：「寧可錯付50人，也不要漏掉1人。」這種方式為吉拉德帶來大量生意，佔據總銷量的1/3。

其次，要對每位顧客報以真心，特別是售後。吉拉德說：「真正的銷售始於售後。」在與顧客達成生意後，繼續關心顧客，給予恰當的表示，比如寄賀卡、打電話、生日時送一束鮮花，都會讓顧客感動，並且吸引新客戶。

贏的秘密

消費心理是影響銷量的重要因素，幾乎左右很大一部分的市場佔有率。如果能夠很好地把握消費者的心理，讓他們樂意掏錢，這是最高明的銷售，也是一切促銷的基礎。然而，消費心理千變萬化，有些時候你儘管用盡招數，卻無法取悅消費者，這其中與你有沒有投入感情很關鍵。

你想獲得顧客的認可和信任，首先要付出自己的感情，有句話叫「人心換人心」，消費者不是機器，促銷技巧可能對他們有用，卻遠遠沒有感情投資更恆久。

第六章
在嘲笑中升值

從心開始，而不是光靠技巧

在一家家電超市，有對中年夫婦正在閒逛，他們在電磁爐專櫃前一會兒看看爐子，一會兒看看贈品，卻始終沒有下決心購買。

銷售員站在離他們不遠的地方，細心地觀察著。這時，中年婦女忽然說了一句：「某某牌子的其實也不錯。」聽到這話，銷售員當即上前說：「是啊，這個牌子的產品銷量很好。您來瞭解瞭解吧！不看別的，光看看贈品就知道了。」說著，順手拿起櫃檯上的琺瑯鍋繼續為顧客介紹，「這款琺瑯鍋是公司特製品，其他公司的電磁爐無法配套使用，因為一旦電磁爐受熱不均勻，琺瑯會掉。而這款琺瑯鍋是鐵製的，富含鐵元素，對中年女性身體很有益。」

男士聽到這裡，便悄悄對妻子說：「要這個，可以嗎？」妻子輕輕點了點頭。

銷售員立刻為這對夫婦弄好維修保證書，交易達成。

銷售員靠什麼賣出了電磁爐？首先，顧客來到店內後，是有目的性的，他們在電磁爐前徘徊；其次，他們的心理是求實的、理性的，比較注重產品實用性，還特別在意贈品品質。細心的銷售員看出了顧客的心理需求，從贈品的獨特性入手，可謂避實就虛，一舉中的。

看來，技巧是有用的，可是還需要有心人去掌握。

點到為智

在我們經營自己的事業時，不管這件事情是大是小，總會感覺有些人特別幸運，總能得到幸運女神眷顧，可是我們自己的生活和生意卻沒有這麼好的機遇，幸運女神總是不來垂青。經營是有技巧的，這一點毋庸置疑，但是技巧也需要去發現和改進。沒有用心或者心思用的不對，這是經營必須考慮的前提。

在這個過程中，從最初選擇店址、員工培訓，到進貨、銷售、售後服務，無不表現著心智的投入。

1、選擇一個好店址，生意等於成功了一半。

做生意講究「地氣」，「地氣」旺了，生意才會興隆。可是到底什麼樣的地段生意熱絡呢？這可是個大難題。一般來說地段分為繁華商業區、旅館飯店集中區、交通道路附近、住宅區幾類。

商業區客流量大，是經商的好去處，不過由於競爭激烈，地價也較昂貴，如果條件不具備，資金不夠充足，特別是小本經營者，最好不要貿然行事。

旅館飯店區是商旅集中地帶，來往客商較多，可以從事茶葉、旅遊一類生意。不過這種地方房租差別較大，一定要謹慎選擇，比如從事茶葉生意，可以租用飯店的經營大廳，一來價格便宜，二來提高格調。

交通道路旁邊人口流量大，人員較為混雜，適合開一些老字號商店，提供價格實惠，品種新穎的產品。

住宅區人口較集中，是經營消費品的好地方，風險也不大，但是針對不同居民區也有不同要求。比如老住宅區，適合一些價格便宜、品質中檔的產品；而高級住宅區，則需要高檔豪華、精緻、表現品味的產品。再者學校附近、市集附近，也有各自的特點。

2、店面裝飾要表現特色，又要美觀大方。

店鋪又叫門面，就是人的一張臉，可見對於生意的重要性。走進店鋪，給顧客的第一印象應該是和諧美。外部裝修要吸引顧客進店，內部裝修要激起顧客的購買動機，這才是正確的選擇。

一家店鋪，除了整體裝修外，招牌、對聯、櫥窗、燈光、牆面、地面，各個細節都有一定講究。如果你經營兒童用品，燈光最好明亮，但不要刺眼，讓人能夠清楚地看清店裡的物品就行；如果你經營老年人產品，燈光就要柔和舒緩。

3、一定要有豐富的產品知識，為顧客提供最即時服務。

故事中的銷售員因為非常瞭解產品的情況，包括贈品性能也可以如數家珍，因此才能在第一時間為顧客提供好建議，促成交易。從生產到種類、從使用到配件，每一細節都可能是顧客關心的，如果不能用心瞭解掌握，在顧客提出疑問時，支支吾吾或者答非所問，肯定會引起消費者不滿。

4、促銷、廣告要根據自己的情況去做。

幾乎沒有商家不做促銷，辦一次大型歌舞會是促銷，發幾張宣傳單也是促銷。選擇何種形式，需要根據自己的具體情況，比如資金、場地、產品等。促銷一定要取信顧客，不能有欺騙行為，哪怕是送給孩子的一張書卡，也要說到做到。這樣才能取信於人，達到自己的目的。

5、品質很重要，會決定一家店鋪的發展。

不管你是做什麼的，品質不過關，生意就做不長。因此如果你經營店鋪，首先要對品質嚴格把關，注重外形、包裝，如果是食品，還要品滋味、測香度，當然，需要檢測設備的，千萬不能圖省錢不用設備，光憑個人經驗。

6、要有創新精神。

消費心理千變萬化，表現在生意的各方面。經營者經營的是自己的生意，卻是為大眾服務，僅憑個人喜好、個性去做事，即便掌握再好的技巧，有時候也不起任何作用。

有家汽車公司，花費鉅資建立起未來工廠，整個工廠是全自動化的，只需十多人操縱，但卻無法獲得預期的效益。讓我們來計算一下，1920年一輛汽車成本的85％以上支付給從事常規生產的工人和投資者，1990年，這兩種人得到的額度不到6％，其餘部分則給了設計人員、工程師、企劃工作人員、戰略家、金融專家、經理人員、律師、廣告商和銷售商等一大群善於識別新問題和解決問題的創新者。在這個日新月異的時代，經濟不再決定一切，市場需求的個性化和多樣化，使得大批量、重複性生產變得不合時宜。

贏的秘密

消費者的期望不斷提高，似乎永不知滿足。在這種情況下，加上同行業競爭激烈，不少消費者一旦得不到滿足，就會轉向他人。因此，如何掌握消費者需求，快速適應他們的改變，是企業必須考慮的問題。成功的企業都會投入大筆資金，來研究消費者的需要，詢問關於某種產品的品質、大小以致於包裝等方面的意見。從消費者的角度出發，加強銷售力的各種創見，還可據此宣傳產品的特色來配合消費者的喜好。

賠還是賺？看帳如何算

當年克羅克先生從麥當勞兄弟手中買下特許經營權，並將它發展成為世界第一。可是您知道嗎？麥當勞兄弟還把特許經營權同時賣給一位荷蘭人。荷蘭人很聰明，他看到麥當勞速食店中用的牛肉還要從加工廠訂製，就想：「何不自己設個加工廠，這樣就不用多花錢加工牛肉了。」於是牛肉加工廠成立了，他同時賺到一份加工牛肉的錢。

經營一段時間後，荷蘭人又想到：「牛肉來自養牛場，如果我自己養牛，豈不又節省下一大筆開支？」於是他又開設了養牛場。總之，與速食業務有關的賺錢行業他都染指，不希望他人多賺走自己的一分錢。就這樣，一天天一年年過去了，克羅克把麥當勞開遍全世界，自己也成為首屈一指的大企業家。這時人們忽然想起那位精明的會賺錢的荷蘭人，可是找啊找，他去哪裡了？終於人們在荷蘭一家農場找到了他，他除了200頭牛，別無其他。

想得太多，反而會得到更少，這一奇怪的現象在生意圈內頻頻上演。為什麼呢？因為人們總是貪大、貪多，卻不懂得見好就收。是賠還是賺，並不在於生意的大小。世界上最早的時鐘出現於十一世紀至十二世紀，主要用於教堂，提醒修道士注意禱告的時間。後來一位聰明的德國鎖匠將鐘變小，製造出了第一只懷錶，銷量很好；瑞士人將鐘變得更小，做出了手錶，很快普及世界各地。所以，很多時候生意如何賺錢，還是在於自己如何去盤算。

點到為智

荷蘭人的生意歷程，印證了大多數人做生意的經歷。一開始投資經營，總想著一口吃成胖子，結果生意卻越做越小，最後不了了之，根本賺不到錢。這其中經營者不懂得算帳，看不透賠還是賺，是很關鍵的因素。在經營理念中，賺錢快慢是有竅門的。比如開一家零售店，怎麼才能較快地賺到錢，首先就需要核算成本，估計投資額度，掌控終端盈利模式的演算法。投資額度應該根據產品品牌價格去定位，產品價格高，投資費用也要高。

1、考慮店鋪租金。

租金是投資的一部分，很多人都從價格上去計算，卻很少考慮投資週期和付款週期的問題。實際上，要是開一家零售店，最好選擇短期租金支付法，如果價格相對較高也沒關係，因為你還要留些錢投資到營運中。如果你選擇的店鋪價格雖然低，卻需要一次付款一年甚至更長時間，這會積壓你很多資金。金錢只有流動起來才會賺錢，這些租金交到屋主手裡，不會給你帶來一分錢利潤。相反，你選擇每月付款方式，即便價格稍微高一點，可是卻為自己留了一定資金去周轉、去賺錢。

同時，由於市場變化迅速，店鋪存活率和品牌變化都特別快，投資在一定程度上存在很大風險，資金積壓到房租上，也會增加經營風險率。

2、考慮店鋪裝修、投資費用。

據估算，一般店鋪在裝修環節會佔用總投資10～20%的費用，是投資中風險性較大的一部分。特別是隨著裝修日益豪華，消費者視覺需求越來越突出的今天，使得商家使出各種招數變換門面，希望以此招徠顧客。

裝修是必需的，會增加店鋪視覺效果，吸引顧客，但是過度投資在這方面，意義也不見得有多大。首先會加大投資額度，裝修高級了，相對的配套設施，如貨架、店內陳設都要與之匹配，這樣各種硬體就需要增加投入；其次軟體裝飾費用也會相對提高，比如品牌形象，都是無法節約的。

因此，努力控制裝修費用，必須精打細算。一般來講，如果做一級市場的零售店鋪，最好控制在總投資的25%以內，二級店鋪要控制在15%以內，三級店鋪則必須控制在10%以內。

3、考慮如何在貨品中節省費用。

進貨並非拿錢買東西這麼簡單，它是店鋪運作中最大的投資。大多數商家都會遇到三級貨品投資支付法，也就是前期進貨投資；中期貨物預定投資；運作中追補貨物時投資。怎麼樣分配這三級投資比例，才較為科學合理呢？下面這個比例會有助於你合理安排自己的資金：1：2：0.3。

在整體運行中，貨物投資佔據總投入的60%以上，60%的投資應該分配到每個環節中。1，指的是前期進貨投資比例，2，指的是預定投資，0.3，指的是補貨時的投資。由於貨物投資風險很大，如果資金準備不充足，安排不合理，比如大部分用在前期投資，一旦貨物賣完了，卻很難預備中期投資資金，就形成了資金鏈斷裂，影響到訂貨、補貨各個環節。這樣的話，店鋪也就無法提升。

在現實中，很多商家都想用最少的貨賺取最大利潤，這種降低投入的觀念讓他們放棄了周轉利潤，這勢必加大廠商的供應壓力。一來一往，雙方互相對峙，為了避免風險而互不妥協，最終形成一種局面：店主訂不到自己暢銷的產品，廠商銷售不出足夠數量的產品，結果影響品牌提升，阻斷發財之路。

在經營中，除了上述幾點投資外，店鋪中還有一些其他的開支，比如人才培訓、專業技能學習等。有些人為了節省開支，隨便委派銷售員，可是銷售員的工作需要專業知識和促銷能力，這樣只會白白浪費精力和時間。所以銷售員培訓這方面開支不能省，還要當作重點去支付。品牌越高，該投資越大，從2006年開始，一些大企業用在銷售員培訓方面的開支已經高達3～5%。

看來，企業用好自己手中的每一分錢，規劃好每一天的投資和收益，保證自己的投資不受傷害，掌控好店鋪的零售成本核算，才能更快而且較全面地得到提升。

贏的秘密

不僅店鋪經營要仔細核算成本投資，所有生意都是錢賺錢的過程。利用好手中的每一分錢，會實現利潤最大化。正如李．艾柯卡所說的，「多賺到錢的方法只有兩個，不是多賣，就是降低管理費。」

人棄我取，看似虧本實則抓住良機

網際網路發展之初，也就是1995年8月前，在網路上註冊網址是免費的。當時，有位名叫Tim的大學生為自己註冊了一個網址——cool.com，遭到朋友們嘲笑，他們說：「要一個網址幹什麼？能給你帶來財富嗎？」

Tim不為嘲笑所動，他確實想賺錢，因為他需要繳納房租和學費。不久網址註冊需要花錢了，這時有人想出價一萬美元購買他的網址，他考慮再三，還是沒有賣掉。第二年，Tim開始接到大量電話，他們都看中了cool.com這個網址，其中還有家航空公司。不過Tim沒有答應任何人，最後，在一位律師幫助下，他將這個網址賣給了一位消費品廠商，賣價高達300萬美元！

這次，人們不再嘲笑Tim，而是嘲笑那家消費品廠商，竟然以300萬美元購買一個網址，不過是七個字母加上一個小圓點，如此高價真是瘋狂之舉。然而，人們的嘲笑聲還沒有落地，就不得不跌破眼鏡了，因為這家公司讓這個網址升到了3800萬美元，翻了十幾倍。

在嘲笑聲中，從無到有，從小到大，一個小小的網址為我們上演了一場精彩的升值表演。如果說Tim是無本萬利，還可以理解，畢竟世界上有太多人夢想著一日發財。儘管有些匪夷所思，也是一種夢想的表現。可是消費品廠商花300萬美元購買Tim的網址，就有些冒險因素在內，因為誰也無法預知未來，可是他們就是這麼做了，為七個字母加上一個小圓點付出了超級昂貴的價錢。為什麼會這麼做？因為他們看準了良機，並做出即時決定。

點到為智

以什麼產品進軍什麼市場，是產品和市場組合的策略，兩者必須達到一致，才會佔據較大的市場，盈利機會也就越大。人人都會看到那些賺錢的產品，並希望據為己有，這就是競爭激烈的所在。如果能夠獨闢蹊徑，選擇一些不為人看好的產品或者市場，情況會怎麼樣呢？

Tim和消費品廠商做了這種選擇，並且大獲其利。在各種經濟案例中，這樣看似虧本實則抓住良機的成功故事很多。二戰期間，吉普車大行其道，軍隊中廣泛使用，擁有吉普車專利權的凱瑟公司大大地賺了一筆。戰爭結束，公司改變吉普車原來的特點，推出了民用吉普，使之更加豪華和高檔，適用於任何路面。由於這種車輛優點多，銷路一度非常好。

可是二十世紀七〇年代後，汽車市場出現了各式各樣的轎車，吉普車受到市場衝擊，在這種情況下，凱瑟公司業績持續下滑，最後不得不把公司賣掉。美國汽車公司得到這一消息後，認真分析吉普車前景，以及汽車市場變化趨勢，決定以1000萬美元的現金，外加5000萬美元的股票收購凱瑟公司。這一決議得到凱瑟公司認可，雙方就此成交。美國汽車公司花大錢買了一個他人經營不善的商品品目，究竟想做什麼？很快，他們開始改進吉普車，使用新引擎，改變了車身顏色，不久一款新型、適合大眾口味的吉普車上市。結果這款新型車大受歡迎，銷售十幾年一直呈現上升趨勢。此時的凱瑟公司，看著美國汽車公司如此賺錢，也只好搖頭嘆息了。

1、人棄我取，尋找機會適時地出擊，會為經營帶來很多意想不到的收穫。

比如在經濟嚴冬下，市場會出現許多商機，廉價的併購資本、一些被寒冬埋沒的人才，還有新的未被重視的科技研究成果等等。這時如果能夠吸收這些東西，會為未來儲備下較多「氧氣」。二十世紀九〇年代，中國海爾集團在不到十年時間先後兼併了十八家企業，全部轉虧為盈，成為併購的典型案例。在併購的十八家企業中，海爾並不注重企業現有資產，而且從潛在的市場、活力、效益上觀察對方，並將之喻為「休克魚」。何謂休克魚？指的是魚的身體沒有腐爛，比喻企業的硬體還是好的，但是魚處於休克狀態，這多半是因為觀念、思想等管理問題，造成企業停滯不前，落後於市場。習慣上，人們將企業間的併購比喻為「魚吃魚」，或者是大魚吃小魚，或者快魚吃慢魚。在經濟蕭條下，許多難捱寒冷的企業呈現「休克」狀態，這時趁機併購，會更經濟、更實用。併吞「休克魚」後，海爾迅速為其注入新的管理思想、體系，很快就將它們全部啟動，資產達到14.2億元，一舉實現低成本擴張戰略目標。

2、做出人棄我取的市場策略時，把握時機很重要，要對市場進行科學分析、調查和推測，如果盲目行動，只看到價格降了，沒有長遠合理的未來計畫，很容易導致失敗。

二十世紀五〇年代，美國福特汽車公司打算改變低價位形象，進軍中價車市場，推出了艾德塞新型轎車，結果大敗而歸。為什麼呢？原因是沒有科學分析市場。福特汽車公司與已有幾十年生產中價車型的通用公司競爭，可是推出的車型與通用公司的一致，既沒有特色，又缺乏價格優勢，當然不會取得好結果。因此，經營者想要抓住看似虧本實則賺錢的良機，除了全面瞭解市場動態外，還需要考慮產品是否處於發展階段，自身是否適應產品發展需求，以及自身是否具備組合產品與市場的能力，只有這些條件都合乎要求時，才可能在競爭中獲得較高市場佔有率。

贏的秘密

莎士比亞說過：「聰明的人善於抓住機遇，更聰明的人善於創造機遇。」在經濟領域中，「購買力」可以說是最重要的資源，如何發掘購買力，就是企業家創新的機會。在十九世紀初期，農民無力購買收割機，當收割機發明者麥克科密克創造了分期付款制度後，它就將經濟從供應驅動型轉變為需求驅動型，一夜之間，農民就有了購買收割機的能力。創新改變了資源的產出，為消費者帶來價值和滿足。德國農民賣黃豆時把黃豆分成大、中、小三類，這樣賣比混著賣能賺更多的錢，但分黃豆工作量大，卻不是一件容易的事。漢斯家賣黃豆時從不分類，但也能賣好價錢。奧秘何在？原來他們先把黃豆裝進麻袋，然後再選顛簸不平的山路走，等到城裡時，小的落在下面，大的在麻袋的上面。不管工作多麼平凡，生意多麼微小，都有良機可循。這些機會就是事業和生意不斷擴大的基礎和保障。

巧做「虧本」小生意

有位中年婦女從鄉下來到城市，在舉目無親的情況下開了一家小餐廳維持生計。小餐廳位於車站附近，客流量倒是很多，不過這種地段早就開滿了各式各樣的餐廳、飯店，競爭可想而知。然而，中年婦女的小餐廳自從開業後，生意一直興隆，顧客盈門，座無虛席。

有些人不明白其中道理，就想一探究竟，結果讓他們大吃一驚，原來這位女老闆擅長做「虧本」生意。怎樣的「虧本」法呢？到餐廳用餐，可以免費享受自釀優質米酒，不限量；這還不算，如果是三人以上用餐，另外贈送兩瓶啤酒。有人就懷疑了，這樣贈送法，是不是菜餚價格比較貴，或者口味、服務比他人差啊！不然不限量飲酒，還不把餐廳喝倒了。可是等到品嚐一、兩道菜餚後，你就發現這裡的料理、服務、價格沒有一處如你想像的，而是真正的物美價廉。

看到這種情況，不少人開始為女老闆擔心：「妳這樣經營，早晚會虧本的，還是早想辦法多賺點錢吧！」

女老闆卻胸有成竹，她笑著說：「不會虧的。」其實她心中早就盤算好了，按照每天損失100塊錢酒錢計算，每個月會損失3000塊錢。可是損失的酒錢會為她招來兩倍以上的顧客，特別是過路客人，大多是為了吃飽飯，酒喝不多，反而會多點幾道菜。這樣算下來，虧掉的酒錢還不如多賺的零頭，所以她的生意比起那些顧客稀少，整天要為了房租和員工工資發愁的飯店相比，不知要興隆多少倍。

另外，女老闆還有一個不為人知的賺錢秘密，那就是那些白送的米酒。女老闆最初是做米酒生意的，銷量一直不好，所以才被迫到城市謀生。結果在她經營餐廳過程中，免費贈送的米酒成了難得的宣傳武器，隨著餐廳生意興隆，米酒銷量也出現了轉機。

酒水免費，向來是吸引顧客的好方法，女老闆能夠在激烈的餐廳業中取得利潤，完全靠她精明的頭腦，想出「虧本」這一辦法。客人會為了免費喝酒去吃飯，可是真正走進餐廳，卻沒有幾個人光喝酒不吃菜，這是賺錢的訣竅之一。

一般來說，酒水免費都有限量，而女老闆不限量，給了愛酒人士足夠的理由去她的餐廳。不是嗎？可以放開肚量大喝一場，誰都會滿意。但妙就妙在這裡，也許有人會為了喝足酒去吃飯，可是大部分人特別是過路客人，為了工作或者趕路，誰也不想喝得酩酊大醉。這是賺錢的訣竅之二。

當然，女老闆還有賺錢的最後絕招，那就是透過免費贈送米酒，宣傳了米酒這款產品，其中又多出一份利潤來。

點到為智

如果你想從事一項小生意或者正在經營著一項小生意，那麼請先回答以下的問題：

A、你是不是舉債經營，借錢來做這件事？

B、你是不是特別依賴產品，認為產品好顧客就會認可？

C、你是不是認為顧客就是顧客，你與他之間除了一手交錢一手交貨的關係，不可能發展其他情誼？

D、你是不是與人合作經營？

E、你是不是很在乎每一分利潤，不肯讓利給顧客？

F、你是不是遇到挫折就很沮喪，難以再開展新的業務？

G、你是不是為了做生意，不肯休息，不懂得休閒，認為埋頭苦幹總會有回報？

在上述幾個問題中，要是你的答案大多數是肯定的，那麼就要提醒你，這些行為很冒險，你計畫或者進行的事業很可能會走向失敗，而不是你渴望的成功。

首先說舉債經營。有些人認為做生意就要背水一戰，甚至投資房產去創業，可是每項事業成功的機率只有20～30％，最多不會超過50％，就是說，你投資進去了，只有一半機會會賺錢，還有一半的可能是賠錢。因此要做小生意，最好從適合自己的專業或者自己的專長做起，而且投資要少，這樣賠錢的機率低，給你留下更寬裕的精力去經營。

身為小生意經營者，銷售自己比銷售產品更重要。這就要求對客戶大方、熱情，注意與他們發展友誼。一般來講，新的生意都會以較低的價格入市，還會提供多種免費服務。在我們前面講到的故事中，女老闆就是以免費酒水吸引了大量顧客。所謂放長線釣大魚，用在這裡最合適不過了。

除了低價位，服務也是至關要緊的，要想辦法讓顧客滿意，提供超出他們期望的服務。比如免費去做一些合約中沒有規定的內容，產品之外贈送一些小禮品等等。

再說合作經營。大家一起做一件事，團結起來力量大，這話沒錯。然而小生意並不見得適合這樣做，合夥做事，會浪費很多精力用在人際關係上，本來利潤空間不大，規模較小，俗話說：廟小養不起大菩薩，一下子三五個人都來做一件事，希望從中分得一塊蛋糕，必然產生利潤之爭。而且人多會彼此掣肘，比如要不要進貨、何時進貨需要經過商量，這樣就喪失了很多機會。本來小生意是靠靈活、快捷、快速適應市場求生存的，沒有了機動性，也就很難賺到錢。

從小規模開始，不代表生意做不大。有人曾在家中利用一台電腦創業，照樣做成了大生意。鮑勃·格爾多夫是Live Aid的創始人，也是位網路企業家。他單獨工作，所有配備只有一部電話。他有四、五間辦公室，但他從來沒有去過。他沒有私人助理或秘書，他認為有了員工，會分散自己的注意力，失去思考的時間。他的朋友瓦西德·阿裏堅持要給他裝一台傳真機，當他拒絕時，阿裏偷偷溜進他房間裝了一台。可是格爾多夫並不以為然，他用完了其中的傳真紙，就再也沒有換新的。鮑勃·格爾多夫為我們展現了網路時代創業的鮮明特色：既是藝術家，又是企業家，平日裡信步彈著吉他，除了空閒時打打電話，似乎沒有其他事情可做。

從一開始就與時代緊密配合，盡量電腦化、數位化，會為經營者節省大量時間和資金。比如打字工作，現在市場上基本沒有專業打字員一說了，因為不管會計、文書，還是銷售人員，都已經是打字高手。

創業需要投入所有精力，其中包括大量時間，只有將個人完全投入到一項事業中，才有可能獲得回報。抱著試試的態度去做事，成功的機率接近於零。但是長時間用盡心力去做事，不等於放棄休閒。過度操勞不可取，每個星期要挪出一天時間去放鬆，如郊遊、運動，會為你儲備下更旺盛的精力，工作會更有效率。

如果你已經按照上述幾點去做了，可是生意依然沒有起色，甚至遭遇失敗。這時該怎麼做？相信很多人都會沮喪，產生放棄的念頭。不過失敗乃成功之母，這句話永遠不會過時，努力的次數越多，時間越長，人生路上出現的機遇就越多。

贏的秘密

小生意虧不起，這是經營者們最為擔心的。因此他們將賺錢放在首位，其他一切靠後。為了生意正常運作，他們不得不夜以繼日地工作，為節省每一分開支精打細算，制訂各種名目繁雜的制度約束自己，還要想盡辦法放遠目光，以圖更久遠發展。

事實上，與流行觀念和做法相比，最成功的經營者卻非如此，他們會花費更大精力用來維持與員工、顧客、其他公司、供應商以及政府部門的關係上，要是能夠與這些人或者部門達成互惠互利關係，盈利就水到渠成了。

創造狂熱的「少數」

提起村上春樹，大多數人都不陌生，他是日本著名作家，可是您知道嗎？村上春樹以寫作為生之前，曾經開過多年爵士酒吧，當過企業老闆，而且還有很深刻的經營體會。

在經營酒吧期間，村上春樹注意到，不管自己如何努力，前來酒吧的顧客中，10人只有1～2人是真正會再次光顧自己酒吧的。一開始，他想盡辦法增加顧客回頭率，可是很難實現。當他改變了經營風格，吸引那些不肯回頭的顧客時，新問題出現了，原先肯回頭的顧客拒絕改變，不再前來。

就在村上春樹百思不得其解之際，他又發現一個現象，儘管10人中只有1～2人願意再次光顧自己的小店，可是生意依然會比較順利。

經過多次試驗，村上春樹得出經驗：做生意，就要學會創造狂熱的少數。

無獨有偶，與村上春樹抱有一樣經營觀念的管理者還有很多。美國著名計程車公司的總裁泰勒每個月都會推出顧客調查活動，活動內容只有兩個問題：1.租車體驗如何？2.還願不願意再次乘坐本公司計程車？兩個再簡單不過的問題，令人有些困惑，它們會給公司帶來什麼幫助呢？

幫助很大，出租公司根據顧客意見將千家營業點進行排名，依據只有一個：就是那些對租車體驗打最高分的顧客越多，該點排名越靠前。

這個簡單的排名方法一度引起員工不滿，可是泰勒堅持己見，並且極大地促進公司業務發展，各點在爭相獲得顧客認可的同時，業務越做越精，顧客滿意度越來越高，乘坐率自然上升。

點到為智

如何讓顧客忠誠於自己，讓他們帶來更多業務或者說利潤，是每位經營者必須考慮的問題。賴克赫德是顧客忠誠度專家，他在研究泰勒的做法後，曾經將「創造狂熱少數」的理念介紹到美國通用電氣公司。

通用公司總裁接受這一觀念，從2005年開始，透過兩項指標來衡量顧客滿意度。1.不同業務的不同營運指標；2.通用的指標，即淨推薦者多少。淨推薦者是什麼意思呢？這是賴克赫德先生發明的一個術語，他發現與利潤關係最密切的問題就是：顧客向他人推薦自己的公司了嗎？

淨推薦者的調查答案很簡單，從0到10，由顧客自己打分數，10分是極有可能推薦，5分表示不確定，0分代表完全不會去推薦。公司經營者透過顧客的答案做出判斷，9分和10分為推薦者，7分和8分是被動滿意者，6分以下就是批評不滿者；用推薦者的數量減去批評者的數量，那麼就是得出淨推薦者比例。當淨推薦者比例越高，公司利潤增長就會越大。

賴克赫德為我們提供了理論基礎，那麼在具體經營中又該如何培養那些狂熱的少數呢？

1、穩定老客戶是前提。

利潤大多數來自忠誠顧客，也就是老客戶，因此經營者應該把重點服務放在這些老客戶上，然後透過他們去發展新客戶，等著新客戶變為老客戶，又會為你帶來更多客戶，市場的雪球就在一個個新、老客戶的維繫中，不斷變大。

2、讓客戶成為自己的忠誠客戶，需要一個培養忠誠計畫。

比如只有會員才享有購物預告、打折資訊、重要的行業內部消息，或者提供再次購買優惠活動、獎勵政策，以及禮物贈送等。只要把自己的產品或者服務與顧客之間建立起感情，慢慢地，他們就會視你為品牌，起碼是他們心中的品牌。

3、關心顧客的來信、回函，利用團隊的力量，讓每位員工都成為銷售專家。

顧客迴響是一個很好的切入點，會讓經營者一下子明白問題出在哪裡，也可以透過這一點與顧客建立起感情。因此不要害怕顧客回函，反而要鼓勵他們提意見。最好建立一個顧客諮詢機構，即時收聽顧客的反應，得到最新資訊。經營者必須調整好心態，平和地對待顧客，時刻關心來自顧客的每一點資訊。當然經營者個人的力量是微小的，不可能面面俱到地去關心每位顧客，這時就該發揮團隊的作用，讓每位員工去介紹企業和產品，比如在他們的制服上印刷產品圖案、宣傳語言等。

4、將新客戶變為老客戶。

行銷經歷了漫長的發展之路，越來越強調關係的重要性。那就是不管顧客購買多少，經營者最先考慮的是如何與顧客建立起服務關係，在此基礎上發展為永久顧客。

美孚石油公司進軍中國市場時，想拿下三峽工程這個大市場，為了推銷產品，他們先讓三峽工地工作人員免費試用潤滑油。試用結果顯示這種潤滑油效果非常好，於是政府決定由美孚獨家供應三峽工程所需的潤滑油。這時，不少人投來羨慕眼光，他們還猜測美孚公司肯定會藉機漲價。出乎人們意料，美孚公司不但沒有漲價，反而從原來的每噸12000美元降為8400美元。這是為何呢？原來美孚公司看準了中國更為廣闊的大市場，希望透過這次合作建立牢固的長期合作關係。

5、感情投資是維繫商家與顧客關係的有力武器。

許多成功的銷售人員都說，只要能和顧客發展友誼，行銷就成功了。人是有感情的，比金錢更有價值的就是感情，很多企業都是以情動人，維繫著客戶鏈，表現出企業的綜合素質。特別是與經銷商打交道，不要在生意陷入逆境時才想起他們，生意好轉就忘記他們，要常常投以關懷和幫助，給他們更多的回報。讓顧客與自己共同成長，才是最有效的發展之道。

對於顧客，可以用多種方式去發現、培養那些忠誠者，讓他們成為自己的主力軍。在實際經營中，除了顧客，還有很多來自不同方面的關係，諸如競爭對手、供應商，與他們交涉時，會遇到各式各樣的問題，可能他們不會按時供貨，可能他們會與自己競爭同一個市場，面對種種難題，是旗幟鮮明地與他們較量，還是想辦法爭取他們的支持？

很多人都會說：當然是支持了，這樣才會把生意做大、做好。是的，支持固然不錯，看看新任美國總統歐巴馬，就特別懂得獲取他人支持的好處，那麼我們有沒有這個能力呢？

第七章 存2000，取10萬蘊含的經濟原理

購草帽的「騙局」

100多年前，在德國巴伐利亞的一座小城居住著一位鐘錶匠。這位鐘錶匠名叫菲爾德，他做的手錶品質優良，不但防水而且還是自動裝置，在當時可謂先進科技。為此菲爾德聞名當地，無人不知，無人不曉，人們都十分羡慕他純正的製造工藝。

菲爾德的成就引起一人注意，他就是同住一個城市的鐘錶商人漢斯·威爾斯多夫。威爾斯多夫擁有一家鐘錶公司，既生產各種錶，還負責經銷工作。他見識過世界各地的優質錶，聽說菲爾德具有如此純熟的製錶工藝，所以決定前去拜訪。

威爾斯多夫如願以償，看到了菲爾德先生的優質手錶，驚訝不已，隨後他誠懇地邀請菲爾德：「請您到我的公司來做技術總監，怎麼樣？」

菲爾德並不回答，他似乎更熱衷自己的手工作坊，而不想到更廣闊的天地去奮鬥。威爾斯多夫見他不肯前往，就提出另一項建議：打算出高價購買菲爾德的技術。

「不，」聽到這話，菲爾德當即回絕，「我不會答應您的建議，我不能為了眼前利益就放棄自己的理想。我有自己的追求，我想研製出世界上最好的手錶。」

菲爾德的理想讓威爾斯多夫大吃一驚，原來他夢寐以求的事情也是製造世界上最好的手錶。一位鐘錶匠竟有如此雄心，威爾斯多夫萬萬沒有料到，他覺得自己遇到了真正的對手。如果真如菲爾德所想，他比自己提前研製出了最好的手錶，那麼自己的公司就會遭遇前所未有的競爭壓力。

帶著這一困惑，威爾斯多夫回到公司陷入沉思之中，他不知道如何對待這位對手，如何應對即將面臨的殘酷競爭。就在他無計可施之際，有人向他透露一個消息，菲爾德不僅是位優秀鐘錶匠，還兼職做草帽生意，製造的草帽在當地也屬一流。

威爾斯多夫聽說後，十分高興，立即派職員前去購買菲爾德的草帽。職員很詫異，不知道老闆葫蘆裡賣的是什麼藥，他問：「您想得到的是菲爾德的鐘錶技術，去購買他的草帽有什麼用呢？」

威爾斯多夫卻胸有成竹，沒有回答職員的問題，讓他只管按照命令去做。職員無奈，只好去大量收購菲爾德的草帽，一時間，人們流傳：「威爾斯多夫不做鐘錶生意了，改行做草帽生意了。」

就在威爾斯多夫大量收購草帽的時候，菲爾德看到草帽生意興隆起來，賺取的利潤讓他不得不放下了手錶研製工作。畢竟，研製手錶費時費力，他一個人分身乏術，只能先照顧草帽生意。

菲爾德全力投入草帽生意中，每天每夜忙著趕製，他可真是位優異的手藝人，做出了很多式樣各異、品質優良的草帽。然而，就在他趕製草帽時，威爾斯多夫卻爭取到了足夠的時間，他搶先將最新研製的防水且自動手錶上市，並為這款手錶取名「勞力士」。

勞力士一炮打響，迅速佔領世界市場，成為手錶中的名牌。直到這時，威爾斯多夫才邀請菲爾德到家中做客，並帶他到後院去參觀，在那裡他指著滿院子精緻的草帽說：「瞧，那都是您的佳作。」菲爾德這才恍然大悟，可是為時已晚。

誰也不肯放棄世界第一，威爾斯多夫靠什麼致勝？

草帽本來與鐘錶技術毫無關聯，也與威爾斯多夫沒有什麼關係，然而他肯為之付出金錢，購置下那麼多一無所用的草帽，堆積到院子裡。這種超級虧本的行為，原來是為了轉移菲爾德的注意力，為自己贏取寶貴的時間。

菲爾德也不是貪圖眼前利益的人，他曾經一口回絕了出賣技術的建議，可是他沒有看穿購買草帽的騙局。就這樣，威爾斯多夫不動聲色間為我們上演了一場經典的商業戰。

點到為智

做生意離不開競爭，特別是同行業間，常常競爭的十分激烈，你降10塊錢我降20塊錢，你買一送一，我買一送二，甚至不惜賠本拋售。然而爭鬥的結果卻不見得好，很多時候會陷入兩敗俱傷的境地，誰也無法生存下去，只好彼此關門大吉，成為冤家對頭。

在經濟理論上，競爭並不單純指兩家企業之間，而是存在於五種基本力量之中，分別是：潛在的新進入者、替代品、買方討價還價、供應商討價還價，以及現有競爭者。由於五種力量同時存在，影響著企業能否最終獲得利潤，就是說，企業想要獲利，需要一一克服來自五種力量的競爭。

潛在的新進入者，指的是行業競爭中那些新加入的企業，他們大多擁有新的生產能力，還具有某些必備的資源，試圖在市場中獲取有利的地位。新進入者要求擁有市場佔有率，突出地表現出與現有企業的激烈競爭，結果往往是產品價格下滑；同時，新進入者要有資源進行生產，造成資源供應成本提高，使得利潤空間縮小。

在科技高速發展時代，替代品無孔不入，成為競爭的一大特色。這些替代品大多具有原產品的性能，卻擁有較低的價位、突出的特色，它們進入市場後，會使原產品的價格難以維持高價位，限制利潤收益。

買方討價還價，是自古以來就有的事，他們會要求價格更低、品質更高、服務更好，這種要求的結果就是增加企業成本，降低企業利潤。尤其是現在企業繁多，競爭激烈，為了留住顧客，他們會不惜賠本拋售，造成惡性競爭。

供應商是提供物資，保證生產或者銷售的環節，如果他們提供的物品獨特性強，比如壟斷產業，就會常常提高價格，降低相關服務和品質，加大下游行業的成本開支，也就迫使後者的利潤變小。

最後也是最顯眼的競爭來自現有企業間，他們會根據自己的情況制訂一系列促銷手法，或者從企業文化、創新、服務、網路等方面加大市場佔有力度，爭取更多消費者。這種做法直接對同行企業構成威脅，使對方不得不提心吊膽、時時刻刻做出應戰的準備。

除了上述五種基本力量外，影響企業生存的力量還有其他利益相關者，比如政府、地方組織、貿易組織、借貸人以及股東、特殊利益集團等等。

透過以上的分析，我們就能理解企業競爭為什麼那麼慘烈了。

儘管競爭慘烈，還是有很多企業存活下來，並且逐漸成長發展。比如故事中的勞力士手錶，暢銷世界100多年，一直是高品質的象徵。下面，就讓我們回顧威爾斯多夫先生戰敗對手菲爾德的過程，再一次體驗競爭的無窮樂趣。

1、錢花對地方，才會贏得主動。

企業發展是一個競爭的過程，在這個過程中很多投資都是用來競爭的。如果不捨得投資辦宣傳、做廣告，人們就不知道自己的產品。問題是很多人在大肆宣傳自己的產品後，卻發現效果一般。比如威爾斯多夫願意出高價購買菲爾德的技術，但是後者不肯；威爾斯多夫想請菲爾德去做技術總監，後者還是無動於衷。這說明花錢不一定能達到目的，要想讓對方順從自己的意願，還要把錢花對地方。

2、應該瞭解對手。

所謂知彼知己，百戰不殆，如果威爾斯多夫不知道菲爾德還兼顧草帽生意，他也想不出致勝奇招。瞭解對手，才會花對錢，不至於浪費財力和物力反而沒有效果。

3、分散競爭者的注意力。

花錢的目的是為了讓對手放棄與自己競爭，也就是分散他們的注意力。當一個人或者一家企業不把精力放在某件事上時，很難在這方面取得什麼成績。

4、降價不是唯一的辦法。

威爾斯多夫的經驗告訴我們，競爭中不一定要把金錢投放在降價中。在澳大利亞的墨爾本，兩家食品店曾經展開過一場特別有趣的促銷競賽。新移民沙米爾開了家零售食品店，這讓他的對手安東尼很不滿意，因為安東尼正在經營食品店。為了打擊沙米爾，安東尼在自家商店門前豎起一塊木板，上面寫著：「火腿，1磅只賣5毛錢。」沒想到，沙米爾也在自家門前立了塊木板，上面寫著「火腿，1磅4毛錢。」

安東尼很氣惱，立刻將牌子改成「火腿，1磅只賣3毛5分錢。」這番降價，火腿的價格降到了成本以下。看來，他是不惜賠本，也要整垮沙米爾。可是，令人瞠目結舌的事情發生了，沙米爾毫不猶豫地把木板上的價錢改寫成：「1磅只賣3毛錢。」安東尼這下服氣了，他不能繼續降價，只好苦苦硬撐。

幾天後，他實在賠不起了，一怒之下跑去跟沙米爾吵架，責問他為何這般降價，難道想要兩人同時破產！沙米爾一臉無辜，他笑著說：「什麼『咱們』呀！我看只有你會破產。我的食品店壓根兒就沒有什麼火腿呀！木板上寫的三毛錢一磅，連我都不知道指什麼東西哩！」

拼命降價銷售會跌入虧本的泥沼中，無法自拔。安東尼的失敗在於他沒有瞭解對手，反而以降價做為競爭的手段，結果真是可笑又可憐。聰明的沙米爾正好與他相反，一眼看穿對方的心思，將計就計，在一場「虧本」促銷中獲勝。

為了佔領市場，不得不在競爭中投入成本。這時，光投入金錢還不夠，還要不斷觀察競爭者，特別是最直接的競爭者。最有前途的公司是隨著市場變化不斷調整戰略的。比如福特公司，是最早的汽車業贏家，後來被通用公司超越了，因為通用公司瞭解市場多樣化需求，再後來，日本公司異軍突起，推出的汽車更省油，這適應了能源危機的需求。如今汽車業競爭除了功能、品質之外，外觀、感覺也成為競爭因素。

不光汽車業如此，各行各業的發展趨勢也在提醒人們，客戶需求不斷變化，競爭者應該以此為出發點，做出適時適當的反應，才能確保或者爭取到自己的市場地位。

明修棧道，暗渡陳倉

二十世紀八〇年代，臺灣建弘電子公司研製開發一款高清晰度電視機，主要是結合電腦電路特點，新產品取名「普騰」。普騰電視經過各電視台檢測，均顯示性能優異，超過專業水準。

1982年，普騰電視開始進軍美國。為了提升知名度，爭取市場，建弘公司花費鉅額廣告開始宣傳產品，他們在各專業雜誌上打出了「SORRY，SONY」的廣告語，SONY是世界電視機產業第一品牌。建弘公司這種做法意思很明確，自己的產品勇於和世界第一品牌叫陣，足見其性能多麼優異。

普騰電視的這招戰術果然有效，立即吸引大眾目光，他們紛紛議論，不知道這是何方神奇產品，竟然如此口出狂言。在人們詫異的目光下，建弘公司將普騰電視擺進了各種高級音響和視聽器材商店，選取適中的價格，很快打開了銷路。不到一年時間，普騰銷量穩定，擁有美國市場一定的佔有率，很多人知道了這種與SONY「媲美」的新產品。

可是，普騰電視在美國的一系列動作，不過是「佯攻」，其真正目的是要佔領臺灣市場。1983年10月份，普騰殺了個回馬槍，在臺灣以市場領導者的地位，取得了絕對競爭優勢。臺灣人們比較相信美國產品，聽說普騰是美國知名品牌，當然紛紛解囊搶購。這一下子，普騰倒是真的搶奪了SONY的部分市場，在臺灣風靡一時。

虛虛實實、真真假假，是競爭激烈的表現。特別是研製新產品或者推出新產品時，保密措施和時機選擇都很重要。為了引導消費者，創造一定氛圍、把握機會都很關鍵。普騰電視之所以能夠在臺灣獨領風騷，完全在於採取了「明修棧道，暗渡陳倉」的戰術。

明修棧道，就是要吸引人們注意力，最大限度地招徠顧客，所以文章必須做足，必須捨得下本錢。普騰電視在美國從廣告，到店鋪、品味、價格，都做足了「品牌」味道，給人深刻的印象，讓人認為它就是與「SONY」相抗爭的產品。

暗渡陳倉，關鍵在於一定期限內、一定範圍內不能暴露自己的真實意圖，將真實的想法隱藏起來，如果掩藏不夠嚴密，引起人們警覺，會功虧一簣。普騰電視在美國市場上盡情表演，完全沒有讓人看出它要殺回馬槍的意圖，要是臺灣人知道它在美國的所作所為，是為了以領導者身分佔據臺灣市場，恐怕會引起不少人反感。而且在這個過程中，也會引來不少同行業者的競爭。

點到為智

善用「明修棧道，暗渡陳倉」的手法，可以使自己在競爭中取得主動權。在生產經營中，這樣的案例非常多見，哈利賣飲料的故事廣為流傳就恰好說明了這一點。哈利十五歲時，在馬戲團做童工，他為了推銷檸檬水飲料，就免費向顧客贈送爆米花。結果顧客吃了爆米花會口乾舌燥，不得不購買檸檬水解渴。哈利明修棧道，看起來是免費贈送爆米花，可是他暗渡陳倉，真實目的是推銷飲料，為此他賺取不少利潤。看起來，這種手法確實是吸引顧客的好辦法。

1、在經營中，面對來自多方面競爭，如果面面俱到地做出回應，勢必消耗巨大精力，這時能夠隱藏自己的想法和意圖，會避免或者減弱來自競爭者的壓力，特別是那些直接競爭者的壓力，讓自己有更充足的時間和財力做準備。

1961年，哈默到利比亞投資石油產業，與那些資金雄厚的大公司相比，他實在太微不足道了。但他沒有放棄，而是想到爭取利比亞政府支持。如果利比亞政府租借給他土地，他就有可能在土地上開採石油，這樣自己就可以得到優惠條件。怎樣做才能取得政府的支持呢？哈默採取了明修棧道，暗渡陳倉之術。他精心設計了一份投標書，用羊皮證件的形式捲起來，採用代表利比亞國旗顏色的紅、綠、黑三色緞帶紮束；投標書中，哈默特別註明一條：準備在庫夫拉圖附近的沙漠綠洲中尋找水源。庫夫拉圖是什麼地方？原來是國王和王后的誕生地，而且國王父親的陵墓也座落在那裡。不僅如此，哈默還承諾，如果利比亞給予採油許可權，一旦採出油來，他還會與政府聯合建立製氨廠。

哈默做出的一系列表現和許諾得到了回報，利比亞政府給予他兩塊租借地，其中一塊周圍滿是產油的油井。曾經有十幾家大公司爭奪這塊肥油，沒想到落入名不見經傳的哈默手中，真令所有人跌破眼鏡。直到此時，那些顯赫的大公司和大財團才明白，哈默名為租借土地，真實目的原來是為了爭奪石油！再看哈默的公司，已經源源不斷地輸出黑色金子，憑此大發其財。

實力弱小的哈默能夠爭取到石油經營權，完全是他隱藏了自己的真實意圖，迴避了來自利比亞政府和大公司的直接壓力。雖然哈默與利比亞國王有良好的私人關係，但他明白，這樣的大事不是靠關係就可以爭取來的，如果哈默大張旗鼓地要求利比亞國王給他石油經營權，即使國王同意，那些大公司也會千方百計阻止這種情況發生。

2、隱藏自己的意圖，不但給自己留出了時間和精力，還能分散對手的注意力，減弱他們的競爭意識。

明修棧道，暗渡陳倉，最終的目的是為了佔領市場，吸引顧客。日本西鐵城手錶進軍澳大利亞時，採取了一個超級震驚的動作，他們以直升飛機空投手錶，誰撿到歸誰。這一宣傳吸引了成千上萬的人，空投當天，他們聚集到廣場上，為能撿到手錶而興奮不已。那些空投的手錶被人們撿到後，發現完好無損，這一下西鐵城手錶的高品質為人矚目，消息不但傳遍澳洲，還傳往世界各地。

西鐵城手錶公司正是採取了明修棧道、暗渡陳倉的計謀，他們空投手錶讓人們隨便撿，這是明修棧道，確實達到了吸引顧客的目的；想透過這一形式告訴人們手錶的高品質，進而佔據市場，這就是暗渡陳倉。

贏的秘密

商戰之道千變萬化，明修棧道，暗渡陳倉的方法也有很多，除了佯攻，還可以裝作不能作戰，或者假裝不能用兵，如保密措施，延期發布消息，故意宣布某項科研成果、誤導其他商家的研究方向等等。總之，計謀是為行銷服務，是為吸引顧客服務，而不是單純打擊對手。因此，如果你的策略不能吸引顧客，反而危害到他人利益時，這就是不合理的。切記，雙贏才是競爭的最終目的。

曲線PK直線

宋女士僅用3000美元當資金，開設一家雜貨店。開業後，她既缺乏經驗，又沒有經營理念，還要應付同行的激烈競爭，可是出人意料的是，她在四年內開了四家連鎖店，生意蒸蒸日上。對此不少人都覺得很奇怪，紛紛詢問她是如何成功的。

當人們問起她的成功經驗時，宋女士說：「我的成功主要是靠我自創的『每週改良計畫』。其實這也沒有什麼特別，它只是一種幫助我每過一週，就可以把工作做得更好的計畫罷了。」

原來，為了做好事業，她每天都把各種改進業務的構想記錄下來。然後每星期一晚上花四個小時檢視一遍寫下的各種構想，同時考慮如何將一些較實用的構想應用在業務上。

在這四小時內，她不會僅僅盼望更多的顧客上門，她還會問自己：「我還能做哪些事情來吸引更多的顧客？」「我要怎樣開發穩定、忠誠的老主顧呢？」

為了經營店鋪，她想出很多促銷辦法。這些行動看似微小，效果卻很好。比如她改變商品的陳列方式，採取「建議式的銷售技術」，讓顧客為自己提意見，同時採取「購買競爭計畫」，在淡季推出促銷手法，保持銷售額仍能增加。

這些促銷行動中還包括如何吸引更多的小孩進來她的店鋪。她發現，如果吸引孩子上門，就能吸引更多的大人，為此，她不斷地想，不斷地琢磨，終於想到了一個主意，那就是在供應四至八歲小孩的產品堆中多加一排小型的紙玩具。這個辦法果真很管用，那些玩具不佔什麼空間，也賣了不少錢。最重要的是，那些玩具吸引了大量兒童，使店鋪的顧客絡繹不絕。

有時候，換個思路會帶來完全不同的結果。宋女士的做法印證了這一點，她不斷地改進自己的行銷策略，進而不斷地給顧客新鮮感，刺激他們購買的慾望。特別是她為了吸引兒童，想到的「玩具」法。一般來說，兒童光顧商店是很有目的性的，他們不會對大人的產品產生任何興趣，可是大人們卻十分看重兒童的想法，會在他們「帶領」下進出很多商店，這樣的話，抓住了兒童的心理，等於抓住了大人的錢包。

點到為智

經營生意，需要動腦子去想辦法，需要創新，如果你的做法太直接了，太常見了，無人會為你喝采。每項生意都有太多相似的地方，你賣電視我也賣電視，你降價我也降價，你散發宣傳單我也散發，這樣弄來弄去意義不是很大。如果能夠時常保持新鮮感，做出與眾不同的促銷決定，會輕而易舉地吸引大批顧客，激發市場活力。

1、創新的想法不是從天上掉下來的，而是需要不斷地累積。

曾幾何時，美國勝家生產的縫紉機家喻戶曉，佔據世界市場的2/3，可是1986年，勝家公司卻被迫宣布：不再生產縫紉機了！是什麼讓他放棄了自己最優勢的品牌？是勝家公司上百年來沒有累積技術，不能與市場接軌的結果。

1985年勝家公司還在生產十九世紀設計的產品，此時此刻，世界其他縫紉機公司早已生產出如「會說話」的縫紉機、「音樂」縫紉機、「電腦」縫紉機等高級品牌。這些縫紉機具有更多功能、更優質服務，像什麼自動選擇針腳長度、布料緊度等等，表現出高度自動化特色。在這種情況下，老邁的勝家公司怎麼可能與之競爭呢？

2、經營的範圍很廣泛，創新也適合所有領域。

從本質上講，經營就是一個創造過程，如果你有了品質更高、價格更低的產品和方法，會有很多人趨之若鶩。關於行銷創新，不妨從以下幾點入手：

①採用多種試銷方法推廣新產品，獲得顧客、經銷商的認可，瞭解市場潛力，制訂行之有效的行銷方案。市場是不確定的，試銷的規模和方式需要根據自己的產品特性，一般來說，風險越高的產品，試銷的規模會越大。

②採用多種方式和管道向消費者宣傳自己的產品，比如媒體、網路、刊物等等，會提高消費者對產品的認識。

③針對需求尋找消費人群，會提高行銷力度。很多時候，產品投放市場效果不佳，是因為沒有

找到消費者，他們根本不需要這款產品，你做得再好有什麼用？

④尋求勇於嘗試的消費者，有些人是喜歡第一個吃螃蟹的人，讓他們試用產品，會有著示範作用，帶動他人的購買積極性。

3、經營的最終目的就是創造利潤，創新會提高經濟效益，良好的創新會提高50％以上，有的還會提高好幾倍。

這種創新不但會擊退競爭者，更能有力地開拓市場。創新是經營者的事，更是全體職員的事，因為制度最容易僵化，最需要改進，所以要引起大家創新的積極性。

4、在創新中，如何提高創新能力，可以多複習自己的想法，多問幾個「為什麼？」可以把問題看得更深入細緻，說不定從中可以尋找到更多更有用的創意火花。

每個人都會有很多想法，要把這些不尋常，甚至是稀奇古怪的想法說出來，把它們從頭腦中解放出來。一旦這些想法進入交流領域之中，便能免受無意識領域中自我審查機制的摧殘。有機會更仔細更充分地去審視、探索和品味，去發現它們真正的實用價值。實際上，很多公司的創新過程都少不了溝通的作用。例如：蓮花工程與旦達航空公司十幾位高級主管每日的「咖啡閒聊聚會」，麥當勞公司的高級主管每天必有一次不拘形式的聚會。

5、尋找自己的創造力高峰，努力去實施創新性的想法。

不同的人在不同的時間有不同的思維能力，找出自己創造力的最佳時間，會有事半功倍的效果。另外，有了創新的想法，如果不去努力實施，再好的想法也會離你而去。天才是1%的靈感加99%的汗水，說的就是這個道理。

贏的秘密

做生意是為了利潤，創新者可能會暫時獲取豐厚利潤，可是利潤很快被競爭者和模仿者分享。所以只有不斷創新，才能不斷創造新利潤。

經營過程就是一個創造過程，創新可以使小企業逐漸成長壯大，也會讓那些墨守陳規的大企業走向衰落。

創新主要是靠廣大員工參與管理來實現。在制度管理中，每一件違反制度的事件，都可能是制度創新和制度合理化的契機，管理者應注意調查其深層的原因，抓住這些契機，使制度管理不斷注入新的生機和活力。

存2000，取10萬蘊含的經濟原理

李先生經營一家小型電腦公司，最近趕出一批貨，交給了剛剛開發的一位新客戶。可是貨發出去後，卻遲遲不見客戶匯款到帳戶。李先生很著急，為了催促貨款只好親自前往。費了不少工夫之後，客戶終於同意給他現金支票。

拿到現金支票後，李先生十分高興，急急忙忙到銀行兌現領錢。然而，意想不到的事情出現了，櫃檯服務小姐告訴李先生：「對不起，支票帳戶內存款不足，根本無法兌現。」

這無疑平地一聲雷，李先生大感意外，他努力讓自己平靜下來，仔細回顧與客戶交涉的過程，最後明白這是客戶故意為難自己。怎麼辦？他的第一個念頭就是衝回去，與客戶大鬧一場。可是他克制住自己的衝動，如果這樣會讓自己徹底失去這個客戶，還不見得會拿回錢來。

所謂急中生智，李先生忽然靈機一動，有了新主意，他冷靜地問銀行服務人員：「這張支票存款不足，無法兌現，那麼請問到底缺多少錢？您幫忙查詢一下吧！」

銀行服務人員立刻為他進行查詢，結果顯示存款為9.8萬美元，就是說與支票金額相差只有2000美元！看到這一結果，李先生更加堅定了自己的想法，果真是客戶為難自己，要是衝回去大鬧，只會中了對方的圈套。這麼一想，他便有了辦法，從自己的口袋掏出一張金融卡，從中領出2000美元，存入客戶的帳戶中。當他再次把支票交給銀行服務人員後，很順利地兌現了現金，拿到了夢寐以求的貨款。

李先生如果回頭責問客戶，也是人之常情，但是合情不見得能夠辦成事。生意往來，你要看中自己的目標，既要得到利潤，還不能失去客戶，所以花時間解決問題，而不要去製造新問題，才是李先生的成功之處。

看似賠了2000美元，可是既順利地兌現了10萬美元的支票，還維持了客戶關係，這2000美元對李先生來說，太值得了。

點到為智

業務是建立在與人交往的基礎上，要想協調關係，除了投入時間外，還要花費心思搞懂其中的技巧。這些技巧可能需要投資，不過會不斷提高知名度，擴展新的客戶來源，獲得極大回報。

我們中國人特別崇尚人際關係，與他人的關係越好，越容易推銷自己和自己的產品。生活中與配偶、親人、同事建立良好的關係，會生活愉快。客戶是自己的利益相關者，與他們關係良好，可以帶來更大的銷售業績和利潤。那麼在商業領域如何與客戶發展關係呢？

1、正確對待與客戶的關係。

如果你能夠明確客戶關係是重要的，從心理上重視這層關係，就會讓你更容易與客戶搞好關係。你要相信自己，相信他人會喜歡自己的經驗、產品，或者其他東西，這樣的話，你就能放鬆地與人相處。另外，不要自以為是，不要認為他人是為自己服務的，而是要尊重對方，從對方的角度去考慮問題，這樣會解決掉很多麻煩。在故事中，李先生十分明確客戶的重要性，而且善於站在對方的立場想問題，這讓他克制了衝動，做出了正確選擇。

2、進行有效交流，而不是答非所問。

與客戶往來中，雙方共同關心的問題是產品、服務和獲取利潤的計畫，你需要針對這些問題與客戶溝通，彼此瞭解得越多，就越可能建立牢固的人際關係。溝通從正確的提問開始，你可以從他的職業、娛樂、家庭、愛好各個方面開始，獲取客戶感興趣的問題，並且在他的興趣點上做文章，盡可能提供一些對他有用的幫助。

交流中學會傾聽也很重要。有位油漆製造公司的會計，對於房地產向來沒有興趣。有一天，經營房地產的朋友約他參加房地產俱樂部所主辦的午餐會。當天的演說者是一位德高望重的老先生。他談到二十年後本市繁華區還會繼續繁榮，並逐漸向周邊的郊區發展；同時又預測「精緻農場」的需求會快速成長。這些農場只有二到五英畝的面積，足夠有一個游泳池、騎馬場、花園，以及滿足其他業餘愛好所需要的空間。

老先生的話讓那位會計大吃一驚，因為他所說的正是他想要的。後來那位會計一連問了好幾個朋友，他們也非常贊同這個說法。於是，會計開始研究「如何根據這個想法賺錢」。

經過多日思索，他想到了買大賣小的辦法，在離市中心22公里的地方找到一塊荒地，面積是50英畝，花8500英鎊買下來了。然後，他在地裡種了好多松樹，並請測量員把50英畝土地分成10塊，開始銷售。他首先弄到幾份當地經理人員的名單，寫信向他們直接銷售。他在信中指出，只要3000英鎊，即相當於一棟小公寓的價錢就可以買到這塊地，並且同時指出它對於娛樂和健康方面的好處。

令人稱奇的是，雖然會計只在晚上和週末時間推銷，不到六個禮拜，這十塊土地統統賣出去了，收到三萬英鎊。然而全部費用，包括土地、廣告、測量費以及別的開支，總共才花了10400英鎊而已。他一口氣就賺了19600英鎊。

由於接近「有識之士的各種創見」，由於善於與客戶交流，這位平凡會計在短短的時間內大賺一筆。如果他這個外行人沒有參加房地產俱樂部的午餐會，不懂得如何去與客戶溝通，當然也就賺不到這筆錢了。

3、正確展開工作，而不是從自己的弱點入手。

對客戶展示自己的專業才能，會讓他們更放心、更願意接受你提供的服務。專業知識是做業務的敲門磚，如果自己一無所知，要想與客戶深入交流或者進行業務關係，幾乎是不可能的事。

然而，只去關心專業知識會很枯燥，也不是客戶擅長的內容，時間久了也就無法深入下去。因此從學識、為人各個方面鍛鍊自己，提高生活修養，讓自己更有趣味，會更吸引客戶。

與客戶搞好關係是門大學問，除了我們前面講到的幾個具體操作方法外，瞭解客戶需求、以客戶為中心等等，都是往來的基本要求。這裡我們不再一一贅述，我們要說的是現代網路經營中，是否也要注意維持與客戶的關係？

是的。網路經營中，寬泛地說句：「您好，我是某某，這是我們的新產品……」是不會有任何成效的。在網路上做生意，客戶會認為你在隨時隨地歡迎他，因此必須讓客戶可以隨時聯繫到你。如果你在週末不準備營業，必須在網站上註明，否則客戶會花費一個週末的時間等候你的回信。

回覆電子郵件，必須積極、及時，關心他們，就像他們親自來到自己的辦公室一樣，人性化服務，迅速處理訂單，即時發一封確認郵件；貨物短缺時，一定告知客戶，而不是置之不理，並告訴他可能到貨的時間。

網路縮小了世界，人與人的往來變得快捷簡單，但是做為生意人，切不可隨意地與客戶亂說，比如郵件中使用一些錯誤語法，用一些俚語俗話，或者不恰當的行業術語，這都會造成表達不清晰，讓對方看不懂，阻礙雙方交流。

贏的秘密

彬彬有禮在什麼時候都是對的，如果在交流中使用不尊重的話語、把人模式化，或者隨便猜測，對一些問題不做解釋，都會得罪客戶，繼而失去客戶。

第八章 不虧本式戰略

「燒人參」燒出經濟制高點

韓國商人林尚沃是十九世紀著名的人參富商，被譽為韓國參王。1809年，他隨使團訪問中國，帶來了2500公斤優質人參。當時正是年底寒冬時節，中國人喜歡在這個時候進補，因此林老闆孤注一擲，把全部資金都押在這2500公斤人參上，希望藉機大賺一筆。

林老闆選擇了北京最有名的藥鋪同仁堂，在此張榜宣布：韓國上好人參，四十兩銀子一斤。這個榜文公布後，一石激起千層浪，讓北京城的商人們瞠目結舌。多年以來，北京的人參每斤一直沒有超過二十五兩銀子，這個韓國人竟然喊出四十兩一斤的天價，難道他瘋了不成？

在無限震驚之後，北京商人們立刻聯合起來，決定抵制林老闆的瘋狂舉動。他們知道，韓國人訪華大約在冬至前後進京，停留四、五十天就會回國，那時鴨綠江還沒有解凍，方便渡江。就是說，林尚沃只有一個半月左右的經銷時間，如果這段時間內大家都不進他的貨，到時候他只有降價出售，別無他法。

北京商人們的聯合措施起效了，林老闆的人參乏人問津，他急得團團轉，可是無計可施。他想來想去，擺在自己面前的只有兩條路：要嘛賠本大拍賣，要嘛運回韓國。可是無論哪條路，都會讓他傾家蕩產，都是死路一條。

日子一天天過去，回國的日程一天天靠近，面對著2500公斤傾注自己所有心血的人參，林老闆真是愁白了頭。然而愁有什麼用？無奈之下，林老闆前去拜訪使團官員金正喜。金正喜很有才華，而且與林老闆私交不錯，他接待了林老闆，與他喝酒談天。林老闆哪有心情閒聊，幾杯酒下肚，一股腦兒倒出自己的苦衷，並懇求說：「在下請求大人，無論如何幫我想個辦法啊！我現在是求生不能，求死不得，不知道如何是好啊？」

金正喜學識淵博，機智過人，雖然不曾經商，卻懂得人生進退奧妙，經過仔細思索，他有了主意，對林老闆說：「生即是死，死就是生，既然無以求生，不如置於死地而後生！」說完，他轉身來到書桌旁，寫下了：「百尺竿頭須進步，十方世界現全身」。看罷，林老闆豁然開朗，立刻起身告辭，急匆匆奔回自己的住處。

第二天，北京城傳出一則爆炸性新聞：林老闆的人參又漲價了，每斤四十五兩銀子！這是怎麼回事？北京商人們被弄得丈二和尚摸不著頭緒，既然搞不懂對方意圖，只好堅守舊規，依然不去問津他的人參，坐等他的下一步打算。

很快，使團回國的日子到了。這天，林老闆吩咐手下人打點行裝，準備回國。不明就裡的手下人哭喪著臉說：「那麼多人參怎麼辦？再運回去？」

「運回去幹什麼？」林老闆神情自若，「來回花不少路費，既然沒人要，點火燒了！」說完，命令夥計們堆柴點火，將一捆捆珍貴的人參扔進熊熊烈火中。

這下，夥計們傻眼了，他們嚇得大氣都不敢出，有人還以為林老闆被逼瘋了呢！這時，早有人慌慌張張跑到北京商人那裡，向他們講述這一驚天新聞。北京商人們聞言，也是嚇出一身冷汗。燒人參？這可是前古未聞的事情。人參是商人的搖錢樹，多少病人等著它去救命呢。沒有人參，不知多少人會早赴黃泉啊！這哪裡是燒人參，還不是燒人嗎！他們再也坐不住了，一起要求與林老闆調和此事。

這時，林老闆的人參已經燒了一半，聽說中國商人想與他談和，終於揮揮手讓夥計們停下來，不再繼續燒了。

經過調和，最終北京商人們以每斤九十兩銀子的價格全部買下林老闆的人參。林老闆以高出原價一倍的價格售出人參，不賠反賺，度過了危機。

生與死，轉瞬間出現驚天逆變，林老闆何以最終勝出？勇氣、膽略、智慧都佔有一定份量，他捨得燒，捨得犧牲，才有了後來的反敗為勝。可是這還不是問題的全部，如果他燒的不是人參，是一般商品，是可以隨便購買的商品，恐怕也沒有這樣的效果。這說明他搶先佔據了制高點。

人參是珍貴的，是藥品行業中的極品，是一個制高點，因此擁有它就擁有了主動權。

點到為智

制高點本來是軍事術語，指的是在一定範圍內居高觀察敵情和壓制敵人火力的高地建築、地形等。在經濟上，制高點一詞越來越受重視，如果在一定範圍、一定領域、一定行業內佔據有利地位，會利於自己發展，利於最終取勝。如今很多國家都在大力支持國家經濟發展，努力營造制高點。比如荷蘭，花卉業異常出色，原因並非其獨特的地理位置，而是國家支持花農和花商在花卉培育、包裝、運送等各個方面走上專業、精確的道路。再如日本，國土狹小，人口眾多，為此生產的家電大多體積小、攜帶方便，這一需求導致他們生產出全球最精緻的家電產業。還有義大利，金、銀首飾業領先全球，因為國家為其提供了優良的供應商和相關產業。

人人都在搶佔制高點，搶佔經濟主動權，這是現代經營中的特色。做為企業經營者，誰都想擁有制高點，可是制高點在哪裡？又該如何去獲取呢？

1、制高點存在各行各業中，存在企業發展的各方面，比如知識、技術、地域、文化、市場，都可以成為自己的制高點。

二十世紀七〇年代，在日本人們普遍信奉西醫，中醫備受冷落，中藥根本就賣不出去，因而經營中藥的中藥店境況很淒涼。伊倉產業公司的社長石川從事中藥經營多年，面對這一境況，絞盡腦汁，苦苦尋求改變良機。經過再三思索，他想到把中藥和現代生活方式的茶館結合起來，以此來促進中藥的銷售。

1974年9月，伊倉產業公司在東京的中央區辦起了第一家中藥喫茶館。按照茶館的樣式進行裝飾中藥店，店內豪華氣派，格調高雅，並且裝設了空調、燈光、音響等設備。店內氣氛清新宜人，散發著濃郁的現代都市生活氣息。壁櫃裡放著或透明、或橙黃色的各色中藥飲料，有中國著名的人參藥酒、鹿茸藥酒等，還有摻了中藥的果汁等。不過無論藥酒還是果汁，中藥味都已大大減輕。這種別具一格的經營方式，立即吸引了大量的年輕顧客，店裡經常座無虛席，顧客們在美妙動聽的流行音樂聲中，悠閒地品味既能強身健體又合口味的中藥飲料。

伊倉產業推出的中藥喫茶館，就是為自己創造了一個制高點。在它帶動下，東京其他中藥店也繁榮起來。過去沒有人願意吃的中藥，一下子成了人們競相購買的珍品。

2、制高點靠自己去發現，去創造，去爭取。

比如經濟危機下，什麼樣的經營行業會成為制高點？首先就是能夠增加就業機會的、給更多人送來衣食保障的行業，因為這些行業最受國家支持。

如果你是生產空調的企業，那麼這時不妨從空調污染環境入手，研製開發順風空調淨化設備，可以滿足人們需要純淨空氣的需求，創造一種新的價值取向。這種價值取向催生的「綠色風」系列空調，得到社會和顧客普遍認可，是國家支持的制高點之一。

3、制高點是不斷變化的，在經營的各個階段，應該適時調整制高點策略。

1987年經濟危機後，美國以網際網路技術帶領世界經濟走出低谷，搶佔了資訊高速公路制高點，成就了一段輝煌。可是網際網路漸漸消退後，他們又迅速推出房地產經濟，再次搶佔金融制高點。2008年新一輪經濟危機下，美國提出新能源開發計畫，準備打造綠色經濟制高點。

從美國二十年來經濟發展變化可以看出，制高點是不斷變化的。對經營企業的人士來說，這一點同樣適用。比如從前人們依賴廣告，認為廣告會為自己創造市場制高點。可是現在資訊傳播極為快捷、方便，廣告做為傳播資訊的一種方式，被淹沒的速度也直線上升。這樣的話，搶佔廣告制高點就不是唯一的辦法，做為企業，還要搶佔其他制高點。大家都熟悉的耐吉品牌，是如何打造不敗金身的呢？是搶佔了體育制高點。人人都把耐吉與體育聯想在一起，讓運動明星為廣大百姓做了示範作用，達到普及效應。

贏的秘密

制高點是千變萬化的，這給經營者提供了更多的機會。如果你夠機智、夠勇敢、夠果斷，隨時隨地搶佔一個制高點就不在話下。當然，這種多變性也給經營者提出考驗，今天你還佔據的制高點，可能明天就不再是制高點。比如複合陶瓷技術，德國人用它來生產鑽頭、剪金屬板的刀，英國人用它來生產減速裝置、滾珠軸，美國將它用在了醫療器材上。

烏鴉善於提升新管道

吳先生開了家軟體發展公司，專為商家安裝管理系統軟體。開業一年來，他的生意一直慘慘澹澹，業務不多，好不容易拼湊的資金花得差不多了。就在他為日後發展煩惱時，一個好消息傳來，有家超市準備安裝一套電腦管理系統。

吳先生特別渴望拿下這筆業務，因為有了這筆業務，自己的公司就可以繼續營運下去。於是，他經過充分準備後，來到了超市經理辦公室，費盡心思地與經理解說。可是儘管他一再承諾自己產品的品質、價格、服務等等，經理卻不以為然，搖搖頭說了一句話：「你的公司太小了，我們不希望與這樣的公司合作。」

遭到回絕的心情可想而知，吳先生垂頭喪氣地回到家中，真想解散自己的公司了事。恰在這時，女兒正在觀看的一段電視節目吸引了他。電視裡播放的是一段動物趣事，講到烏鴉不會捕獵，但是很善於動腦筋，牠們會跟在羊群的身後，等到羊群大便後，牠們就叼起糞便飛走。不要以為烏鴉是吃羊糞，牠們叼著羊糞飛啊飛，發現了狼之後就會投下這些羊糞。狼是專門吃羊的高手，牠們聞到新鮮的羊糞味，很快就會順藤摸瓜找到羊群。這下，狼大開殺戒，飽食羊肉大餐。烏鴉一直在高處靜靜地觀看，等到狼吃飽喝足離開後，牠們飛到羊的屍體旁邊，開始自由自在地享受自己的美食。

這個節目讓吳先生豁然開朗，他突然想到，既然超市經理嫌自己的公司小，不如給他介紹一家大公司，自己可以不索取一分錢利潤，但是可以負責安裝和測試工作，讓他認識自己的業務水準。

果然，吳先生介紹了一家大公司與超市合作，他自己明確表示：一分錢利潤都不要，只要我們去安裝和測試就行了。做為提供資訊的回報，大公司自然十分同意吳先生的提議。隨後幾天，吳先生帶領他的團隊連續工作，很快完成任務。經過測試，效果十分好，這次超市經理對他刮目相看，連連稱讚他們的技術和工作態度。

吳先生笑而不言，他清楚自己捕獵的「信譽」已經到手了，不久後，他的業務逐漸增加，所在城市60%的超市、商場都請他安裝管理系統。

一條路行不通的時候，必定還有另外一條路，這叫天無絕人之路。善於發現新管道，是通向市場的好辦法。吳先生從烏鴉覓食的經驗中，學會了跟在大公司背後尋找「食物」，這一招可謂獨闢蹊徑。

管道是多種多樣的，零售、分銷、專賣……，不同的管道讓人眼花撩亂，使得市場千姿百態。然而吳先生的管道不在其列，他的賺錢訣竅就是：讓利給他人，然後跟在他人身後分享利益，這種管道的好處在於風險小、可靠，特別適合小企業。

點到為智

什麼是管道？就是企業和產品順向流動，資金逆向迴轉的過程，也可以看成一條通路。管道無疑是企業與市場之間的橋樑，是企業盈利的保障。沒有了管道，就無法去賣產品，無法做業務，因此掌控管道歷來是經商者格外看重的事情。

1、管道五花八門，各式各樣，管理好這些管道，是一件複雜的事情。

傳統的管道有經銷商、專賣店、分銷商、零售商等等，要因勢就利管理它們，以產品為核心，建立一套盈利模式，讓管道的各個環節都能獲取利潤，激發各自的銷售熱情。這種管理比較適合規模較大、經營時間較長的企業。還有一種管道管理，是市場開拓之初，應該做好佈局工作，覆蓋面廣，形成交叉互動，會比較穩定發展。對於經銷商，覆蓋面積理論上為100公里以內，實際上直徑30公里以內，銷售力最強；30公里到60公里時，銷售力就逐漸較弱。因此為了彌補這部分薄弱地帶，可以形成交叉管理，在這種互相競爭中，也能促進經銷商的積極性，刺激銷量。

2、管道很多，而且變化多端，應該善於拓展管道，為自己爭取更多市場和利潤。

在傳統的管道管理中，很多企業會採取複合模式，比如分層次行銷代理制，但是這會增加管理難度，削弱拓展力。如果縮短管道層次，比如直銷模式，會便於公司管理，充分發揮各種資源的力量，發揮很神奇的效果。

拓展管道，方法很多，可以收編一些經銷其他品牌的銷售商，還可以發展新業務，也可以改變制度，比如將公司辦事處改成加盟商。現在管道嫁接的形式很多，比如百事可樂與盛大遊戲合作，就是藉助網路進行銷售的管道互補。飲料與麥當勞、迪士尼合作，也是為了互補銷售。

除了常規合作之外，選取季節合作也很有效，比如啤酒銷售，到了冬天就是淡季，這時可以與火鍋店合作，就是開通了一條新管道。

在實際經營過程，永遠都會有問題出現，特別是管道，可謂瞬息萬變，因此企業應該根據具體情況，隨時解決各種問題。任何問題的出現，都離不開人的作用，做好人的工作，就像妙手回春的醫生，會解決很多管道難題。

贏的秘密

管道是中小企業成長的關鍵，如果有了好管道，會事半功倍，現在管道競爭轉向終端。大家都希望透過控制終端掌握市場，一方面進行各種促銷活動，激發消費者購買慾望，一方面加強終端市場管理，希望為消費者提供最優質服務。市場變化無常，能夠掌控終端當然沒錯，美國寶潔公司（P&G）就是透過與地方經銷商合作取得了持久可靠的發展。

然而，在管道管理中，企業與經銷商的關係已從交易型態轉向合作夥伴，不斷培育新的合作方式，天然氣可與房地產業者合作，家電可與房地產業者合作，都是提升管道的好辦法。

打出虧盈組合拳：旗艦店、Outlet

有位年輕商人看好了竹炭經營這一行業，在朋友推薦下認識了竹炭公司老總張先生。張先生帶領他參觀自己的工廠，並向他介紹自己的經營管道，有代理商、零售商等等。年輕人在仔細權衡之下，認為在自己所在城市開家專賣店比較合適。張先生對他的想法表示默認，公司多年來一直沒有專賣店經營這一形式，但是他又不想失去這一客戶，因此選擇了讓年輕人自己拿主意。

年輕人敢做敢為，回到家後立即展開調查，跑遍大街小巷，尋找可以開專賣店的地方。經過多次協商，他選中了一處價格不高，但是目標顧客較為集中的地段——社區附近。因為他覺得竹炭商品屬於家居用品，在這裡銷售會比較適合。

接著，年輕人請來了一些裝修師傅，他們雖然不是專業人員，卻很有經驗，而且完全按照年輕人的設計去做。幾天後，一處環境幽雅、充滿竹炭風情的店鋪誕生了。

年輕人非常高興，立即挑選進貨，準備大張旗鼓開張。可是開業後，客流量十分少，每天進店的客人不足十人，掏錢買貨的更是少之又少。沒有多少日子，年輕人堅持不住了，店鋪每天虧損，這可怎麼經營？

年輕人陷入困惑之中，他終日思索著為什麼進店的人那麼少，來的人又不買東西？經過深刻反思，他認為問題出在兩個方面：一是店址選擇，二是宣傳力度不夠。店鋪已經進行了裝修，更換看來是不可能的，那麼就要下工夫宣傳。他開始在報紙、電視等媒體宣傳自己的產品。廣告的效果倒也明顯，銷量一下子提高了不少。

然而，廣告的效應是暫時的，轟動效果很快消失，竹炭店漸漸恢復往日的平靜。年輕人已經沒有成本投入了，只好眼看著店鋪一日日走向倒閉。

一次失敗的經驗案例，讓我們看到做生意的風險與艱辛。年輕人雄心勃勃創業，卻無疾而終，這種現象實在太常見了。究其失敗原因，也有很多方面，不過他沒有明白店鋪的性質，不知道如何經營專賣店，是其中比較重要的原因。

專賣店應該在廠商支持下運作，屬於高品味店鋪；選擇的店址、裝修都要突出特色，最好在繁華地段。從這些方面來看，年輕人的店鋪都不具備，屬於社區店面行列。以專賣店的心態經營社區店面，自然不會賺錢。

點到為智

很多時候，產品設計開發投入提高，營業額卻沒有變化；人員在大量增加，業績卻不見提升；品牌升級了，代理商、管道卻沒有升級。我們說，搶佔制高點，做好管道佈局，都是經營中必備的手段。那麼，終端管道中有多種形式，目前來看，按照功能將它們進行劃分，多種拳頭齊出，也是很好的盈虧組合方式。

終端銷售，指的是產品到達消費者完成交易的最終端，一般是消費者與產品面對面的場所。在這裡商家將產品賣給消費者，收回貨款，是銷售中競爭最激烈的環節。我們常見的終端銷售方式是店鋪，特別是一些品牌公司，會開設各式各樣的店鋪，比如旗艦店、outlet店等。各種店鋪有什麼區別？為什麼要多種店鋪同時開設呢？

1、店鋪是有區別的。

比如旗艦店，是一種展示性商店，一般會設在地段佳、客流量多、銷量大的區域，它代表品牌形象，常以各種專賣店、專業店形式出現。旗艦店是市場激勵競爭的產物，可以促進品牌形象，有利於拓展市場佔有率。旗艦店容易團結穩定忠誠的客戶，當消費者走進店裡，只能看到本公司產品，擴大了成交機會。

再者折扣店，指的是以折扣方式銷售自有品牌，或者周轉快的商品為主，一般來說這種店鋪裝修較為簡單、經營成本低廉，屬於零售業態，產品多是經過挑選出來的，更大眾化、更實用，以非耐用消耗品為主，經營採取超市模式，加上價格吸引力，通常將6～7折的知名品牌組合在一起。

社區店則是相對於大商業區而言，一般開設在小商業圈，甚至不是商業圈的地段，這裡的商業氣氛並不濃厚，租金較低，但是可以集中消費某種產品。比如辦公大樓附近，可以開設商務服裝店。

與上述幾種店鋪相比，主力盈利店是商家利潤的真正來源，面積裝修可能都不突出，但是會帶來源源利潤。

2、從各種店鋪的特點可以看出，它們的目的是不一樣的，這也正是多家店鋪同時開設的原因。

不難看出，主力盈利店是為商家帶來直接利潤的來源，透過這類店鋪會直接刺激銷量，快速回收資金，促進商家發展。但僅有這類店鋪還不夠，如果沒有旗艦店，沒有招牌性標誌，企業的形象就很難突出，很難在消費者心中形成強烈印象。這樣的話，商家很難持續獲利，最終只能淪落為「超級搬運工」，從廠商搬來貨物，賣到消費者手中，賺取一定差額，卻無法形成規模發展和進步。

很多品牌企業不注意銷售商的培訓和溝通，不少總經理見到銷售商只會談論銷量、產品，而不去討論行銷模式，他們會花大量精力去請專家為加盟商上課，卻想不起來邀請專家為銷售商講講課。品牌企業賣的不只是產品，更應該是一套新穎高利的營運系統。旗艦店恰好彌補這一不足，它的目的不是盈利，是為樹立品牌形象、樹立牢固基礎。

有了旗艦店、主力盈利店還不夠，隨著城市發展，社會進步，行銷環境發生了很大變化，很多地域是上面兩種店鋪輻射不到的，或者輻射力度不強，這樣在地域中間就出現了空白。為了彌補這些空白地帶，強化銷售，需要增設一些社區店，可以發揮到很好的效果。比如運動品牌，除了在繁華商業地段開設店鋪外，學校附近、社區集中區，也是銷售運動商品的好地方。這類店鋪銷售比較集中，看上去不起眼，實際上利潤可觀。如果能夠主動出擊、廣泛撒網，可以重點培養多種社區店，為廠商帶來豐厚利潤。

現在出現在人們眼前的還有一類店鋪——折扣店。折扣店以價格取勝，十分吸引目光。可是品牌為什麼要主動降價呢？這種店鋪的意義何在？很簡單，如果一家大型加盟商沒有折扣店的話，庫存就會佔據大量資金，最終導致周轉不靈而倒閉。任何商家都有一定庫存，這樣才會保持貨物正常流通，但是由於市場快速變化，消費者處於易變狀態，這樣就讓庫存管理產生很大變數，存在很大風險。當積壓的庫存商品賣不出去時，就需要一定管道將它們消化掉。

消化庫存產品，最好的辦法就是折扣店。折扣店一般應該開設在加盟商所在地域的下一級城市，全年用來銷售庫存產品，保證資金回流。

因此，多種店鋪結合，打出盈虧組合拳，才是品牌企業應該掌握的終端銷售途徑之一。

贏的秘密

品牌企業可以打出盈虧組合拳，可以在虧中盈利，可是小企業怎麼辦？在各種非品牌店鋪中，我們看到他們沒有資金、沒有能力多種形式並行，不可能同時開設多家店鋪，對他們來說，想盈利往往會靠加班地工作，比人家早開門、晚打烊，以為這樣就會招徠更多顧客，可是真實情況是這樣的嗎？

超時營業的智慧

一天，彼德森的公司來了位老朋友，他向彼德森抱怨道：「我每天都努力工作，天不亮就起床，晚上最後一個關門打烊，天天超時營業，辛苦經營，可是我的生意卻一般，賺不到多少錢。尤其到了淡季，簡直賣不出去幾件產品，看樣子沒幾天我就會破產倒閉了。」

彼德森是位珠寶商人，白手起家，創立特色戒指公司，是享譽全球的「鑽石大王」。他聽了老朋友的話，沉思半晌才開口問道：「咱們都是做生意的，依你看，做生意最應該看中什麼呢？成功的基本因素是什麼？」那位朋友搔搔頭，一時不知該如何回答這個問題。過了一會兒說：「從小到大，我就聽人常常說這麼一句話：財富更願意光顧勤勞的人，這麼看來，勤勞地打理生意，才會讓自己更快地發財。」說完，他望著彼德森等候答案。彼德森一臉詫異，他十分不解地反問一句：「難道你是這樣想的？」

朋友鄭重地點點頭，表示自己沒有說錯話。這時，彼德森開口了：「真是抱歉啊！您這樣想是大錯特錯的。我們猶太人不是早就說過嗎？做生意不是耕地種莊稼，勤勞是不夠的，是不會發大財的。」朋友迷惑了，他多年來堅持的信念難道是錯誤的嗎？彼德森接著說：「勤勞當然是優良的素質，是做任何事情的基礎，我們猶太人也特別強調勤勞，反對懶惰。可是我要說的是在勤勞的基礎上，該學會去解決問題，這才是做生意的根本啊！」說完，他講了一個寓言故事：一隻蒼蠅和一隻蜜蜂同時掉進玻璃瓶內，玻璃瓶口很小，蜜蜂和蒼蠅都拼命地想飛出去。蜜蜂飛來飛去，始終在瓶子底部轉圈圈，找不到出去的路徑。蒼蠅飛了幾圈後，發現四周都很堅硬，就往上飛，結果一下子衝出瓶口獲得了自由。

講完故事，彼德森告訴朋友，這是祖輩流傳下來的經驗，告誡後人只顧埋頭苦幹是不夠的，要學會尋找解決問題的方法，才更可行。他告訴朋友做生意應該懂得充分利用資源，知道在什麼地方投入精力，什麼地方根本不用過多考慮。他談到自己的一次經歷，有位員工曾經問他，「為什麼我比你更勤奮，卻不如你成功？」他回答說：「談到勤奮，大多數人都會做到，可是這些人當中沒有幾個可以發財致富。為什麼呢？因為勤奮雖然很重要，卻不是做生意的關鍵所在，我的勤奮之處與你不同，我就是要提供給他人可以勤奮工作的機會，而不是與他人比勤奮。」

朋友聽完這些話，十分感動，他說：「我明白了，創造財富應該是頭腦的工作。盲目地跟隨，賣力苦幹，不如多動動腦子。」

超時營業會浪費大量精力，比如人力、物力、電、水等等，這些消耗會增加開支，讓店鋪經營陷入疲憊當中，實在不是明智的經營之舉。可是生活中超時經營是不可避免的，很多時候、很多商家都是透過超時經營進行促銷。彼德森告訴朋友的，不是杜絕超時營業，而是要合理、有效地超時經營，為自己贏得更多利潤。這需要多動腦筋，掌握超時營業的技巧。

點到為智

超時經營的目的很明確，就是為了促銷，多賣產品，如果達不到這一目的，超時經營就不可取。因此，超時營業需要注意以下幾點：

1、超時營業要選準時機。

什麼時機適合超時經營呢？當然是消費者購物高潮期，比如過年過節，人們都會採購大量貨物，為了滿足顧客需求，應該延長營業時間。還有學生假期，也是購物的高溫期，適當延長打烊時間，也會促進銷售。我們看到，很多超市在春節期間會調整營業時間，有些甚至整個除夕全天開門。延長營業時間，能夠直接帶來利潤增長。

2、超時營業時，可配合豐富多彩的促銷活動。

家樂福在晚間銷售時，會推出各種幸運大搜索、趣味遊戲等活動，能夠吸引更多顧客。

3、超時營業要做好安撫員工工作。

員工在超時營業中，付出更多精力，會非常辛苦，做好安撫他們的工作，可以避免不良情緒影響促銷效果。日本大阪有家餐廳的老闆叫山田六郎，談到經營策略，他的座右銘是：「笑，笑，越是困難的時候越要多笑。」有一次，員工們因為加班工作集體罷工，對此山田採取了幽默對應策略：

在罷工結束後，他在餐廳內貼滿了「歡迎罷工」、「罷工有理」之類的標語。這些幽默的標語引人注目，不但化解了員工衝突，引起他們的積極性。還在媒體推波助瀾下，餐廳的名聲越發響亮。

4、超時營業要做好環境工作，與政府、地方溝通協調。

超時營業會影響周圍環境，比如群眾休息、地方安全等等。因此各商店應該做好相關安全工作，並取得政府同意。在政府督促、協調下，超時營業工作會更順利，更利於解決問題。

5、超時營業應該核算好成本，不划算時不能採取這一措施。

延長營業時間，要花費一定人力、電力等成本，需要很多相關配套措施，比如公車時間、電價、員工薪水，都要充分考慮。如果公車末班車時間太早，員工下班後無法回家，顧客也不能自由往來，自然影響銷售情況。

贏的秘密

晚餐後到商場逛一逛，是現代很多人的生活習慣之一，這為超時營業提供了可能性。很多商場在晚上八點到十點是購物高峰期，銷量佔據全天營業額的一半。不過超時營業也不是延長時間這麼簡單，其中存在很多智慧。尤其是小業主，如果你不會核算成本的話，超時營業往往只會賠不會賺。看似多賣了一瓶飲料，還抵不上整個晚上浪費的電費。

第九章

如何在「虧本」中盈利

抓住時機是關鍵

1917年，年輕的哈默還在醫學院讀書，由於父親經營的古德製藥廠效益慘澹，瀕臨倒閉，他挺身而出，接管了父親的製藥廠。接手製藥廠後，哈默立即對當時的醫藥市場進行調查，希望在產品銷售上有所突破。經過一段時間鑽研，哈默看準了一個機會。當時藥品行銷有個習慣，各家藥廠會把生產的藥品先做成小包樣品，分送給各醫院醫生。醫生試用後，如果效果滿意，會大批開出藥方，這樣廠商的藥品才可以進入流通管道。

長期以來，哈默父親的製藥廠也是採取這一辦法促銷，然而效果不佳。因為藥品太多了，特別是一些沒有名氣的小藥廠生產的藥品，送給醫生後，很多醫生根本不會打開試用，或者扔到偏僻的藥櫃一角，或者隨手扔掉。哈默注意到，古德藥廠贈送的樣品，大部分就是這樣被處理掉了。

從這個現象中，哈默領悟出促銷的竅門。不久他帶領員工們開發生產出一批功能顯著、品種比較齊全的藥品，然後他決定在贈送樣品上做文章。首先，他改變過去小包贈送的習慣，變成大包裝，甚至是整整一大罐。這樣的話，樣品無法透過郵局寄送，只能讓本廠員工親自送到醫生手中。為了方便員工們贈送，哈默特意購買了各大城市的地圖，把城市分成若干區域，指定每個員工負責哪些區域，保證不遺落每位醫生和藥房，讓他們都能免費試用自己的藥品。

大包大包地贈送引起投資者和員工不滿，他們認為這種虧本做法，遲早會讓藥廠倒閉，因此抗議聲不斷，要求哈默停止自己的行為。哈默堅持己見，不為所動，幾乎把第一批藥品全部送光。這時，幾個月的時間已經過去了，在人們的抱怨聲中，古德製藥廠的訂單陸續增加，業務擴展，很快成為聞名全國的製藥廠。哈默不失時機，將製藥廠改名為「聯合化學藥品公司」，躍居世界著名企業行列。

同樣是贈送，大小之間難道蘊藏著什麼玄機？是的，哈默送出的大包裝樣品，實在太大了，使得每位醫生無法隨便處理它們。整整一大罐藥品，不是誰都捨得扔掉或者擱置一旁。大包裝讓醫生們對樣品刮目相看，給醫生們一個強烈印象：這家藥廠很有實力、很有信譽，不然無法支付如此大的贈送開支。

點到為智

在虧本在盈利，這是初入商界的哈默為人們上演的精彩促銷戰。如今「促銷」是風靡全球的行銷理念，早已不再陌生，甚至到了過於「成熟」時期，讓人們失去了興趣。為此無數從事經營管理的人感嘆：「不做促銷不行，做促銷也不行。」是什麼造成了這樣被動的局面呢？

促銷，無一例外地展開一系列活動，其中最常見、最受人歡迎的就是贈送樣品。誰也不會輕易拒絕贈品，更不會反感贈品，得到贈品時人們會心情愉悅。然而，送出去贈品不是目的，目的是讓顧客關心自己的產品、公司，與之形成長期合作的關係。

但是，市場的迴響總是令人沮喪，人們好像都是貪婪鬼，拿到贈品後不但不會說「謝謝」，甚至報以敵意，或者棄之一旁。這樣的情況當然與經營者的初衷背道而馳，於是他們抱怨，他們虧損，他們在虧本中掙扎。

實際上，並非人們無情，而是經營者沒有把握好贈送的時機和技巧。我們看看哈默先生的行動，在人人都贈送小包裝時，他獨闢蹊徑選擇大包裝。這就是一個好商機，醫生們厭倦了各式各樣的小包裝樣品，猛然收到大包裝樣品，肯定會產生強烈印象，這種刺激作用是很明顯的。抓住時機，是各種促銷活動的關鍵問題，時機對了，銷量大增；時機不對，白白地浪費時間和精力，賠錢賺吆喝。

1、看準機會辦活動。

各種宣傳活動是促銷手法之一，比如演唱會、產品展示會等。這類活動一般適合新產品上市，為了提高知名度，可以鼓勵消費者第一次購買。當然，在活動中展開贈送樣品行動，是新產品促銷的典型行為。公司為了提升品牌形象，也可以舉辦義賣、捐資助學等公益性、親情性行銷活動，這樣會爭取到消費者支持和參與，擴大市場佔有率。

2、適合贈送的時機。

如果出現價格大戰，害怕降價會影響到產品形象，不能降價時，可以採取贈送這類促銷，變相地降低價格，這樣做的好處是維持品牌形象，等到經濟好轉，不用為提升價格發愁。當遇到淡季時，要想提升銷量，維持市場，也可以採取贈送活動。

3、抓住時機辦優惠、競賽、抽獎等促銷。

當產品過於飽和，庫存周轉不靈，需要調整產品結構時，可以採取優惠、競賽等活動拉動消費，消化庫存產品。

4、在例假日辦促銷活動，也是常見的現象。

例假日顧客流量大，消費量大增，是很好的時機。為什麼會這樣呢？因為消費情緒受到環境影響，同樣一個地方，一個產品，如果時機不同，在節日或假日、特殊事件發生時，顧客的購買衝動也不一樣。

有家飯店在聖誕前夕推出環球美食活動，食物份量大增，而且還有抽獎、贈送等活動，頭獎得主可以獲得免費旅遊的獎勵。這一形式刺激人們參與的慾望，飯店營業額提高很多。

5、應該根據產品的不同時期，採取不同的促銷戰略。

比如新品上市，是不是立即展開促銷呢？不是，可以等到新品上市一個月後，這時鋪貨率達到50％左右展開促銷，效果最佳。

產品進入成長期後，一些產品銷量會大增，一些產品會滯留店鋪，造成資金積壓，這時進行促銷，以刺激消費者重複購買為主。比如展開回饋活動，隨時跟隨消費者觀察消費情況，做出相對促銷方案。

任何產品都有成熟階段，為了鞏固既有消費，可以增加附加利益的促銷活動，吸引無意消費者、邊緣性消費者，保證產品的銷量。

產品會逐漸衰退，被新產品替代。這種衰退產品不會一下子被消費掉，會積壓造成損失。如何減少積壓損失，是此時促銷的關鍵，可以採取軟退出的方法，以減少庫存為主，降價、優惠銷售。

贏的秘密

時機轉瞬即逝，比如哈默的大包裝贈送，如果有人也學習他這種做法，效果就很難奏效，因為先機失去了。在常規促銷活動中，季節性非常明顯。每種產品都有淡、旺季之分，在旺季之前，做好預熱工作，使產品順利進入市場，是啟動旺季、正式拉開促銷的時機。這樣可以促進主打商品銷量，還可利用低價格、低利潤商品干擾對手，保證銷售。

旺季快要結束時，為了延長旺季銷售，也要立即展開促銷，盡可能消化庫存，回收資金，保證下一季度的銷售實力。

淡季也要促銷，此時展開的促銷，目的不是為了銷量，只是為了獲取顧客回頭率，獲取他們持續支持。

免費類：引導長期消費

特里斯克先生是美國立契蒙市的一位油漆商，他的生意剛剛起步，效益一般。為此他費盡心思挖掘了五百名準顧客，並且給他們每人郵寄一把刷油漆的刷子木柄。在郵寄函中，他特別提醒顧客：帶著刷子木柄，可以到公司免費領取剩餘的刷子部分。

果然，陸陸續續來了不少領刷子的顧客。他們不僅領了刷子，也有一部分人購買了油漆。

可是，這種效果遠遠沒有達到特里斯克先生的期望，他繼續想辦法，又為一千名準顧客郵寄信函和一把完整的刷子。這次，他在信函中說：「您是否準備為新房子油漆？或者打算讓舊房子煥然一新呢？我們特意為您送上一把嶄新的油漆刷子，並且從現在起為您準備優惠油漆。今後三個月內只要您拿著信函前來本店，一律為您提供八折油漆。敬請關注，勿失良機。」

結果，信函寄出不久，前來購買優惠油漆的人達到七、八百人，他們非常滿意特里斯克先生的服務，成為長期顧客。接下來的一年時間內，公司利潤增長了五倍多。

同樣是免費贈送，前後兩者的金錢付出相當，可是刷子更容易激發顧客刷油漆的心理，而刷子柄只能讓顧客想到如何讓它更完整；不同的心理驅使下，顧客會產生不同的慾望。刷子與油漆，是粉刷房屋的必需品，兩者缺一不可。抓住銷售的目的，直接明瞭地告訴顧客你在做什麼，會更利於滿足他們的需求。

點到為智

很明顯，商家的免費贈送活動不是白送，是為了引導消費者消費，增加產品銷量。這種引導長期消費的行為，是典型的虧中盈利之舉。免費促銷，自然會增加開支，而且開支很大，不只有商品的成本，還有人力、郵寄費用等等。在如此大開支背後，怎麼樣才能真正引導消費者，讓他們成為自己的忠實顧客，這才是目的。

免費贈送，需要注意以下幾點：

1、顧客是否明白你的意思？

如果顧客不清楚你贈送的目的，相信他不會採取下一步行動。就像特里斯克先生第一次贈送出去的刷子柄，有多少人明白他在促銷油漆？深巷中的酒再香，也需要有人替它吆喝。吆喝要有對象，不是婦孺皆知就好，因為每次吆喝都有成本；特里斯克先生選中了準顧客，可算是有的放矢。

2、顧客想不想來，能不能來？

贈品有沒有吸引力，能否挑起顧客的購買慾，是贈送目的實現的關鍵。特里斯克先生第二次贈送時就抓住了這一點，不僅讓顧客手中多了一把刷子，還直接告訴他們：「這是用來刷油漆的。」至此，哪位想粉刷房子的顧客不會想到購買油漆？

吸引顧客上門，是免費贈送的最主要目的。日本有家鑽石店開業時，為了吸引目光，在報紙上刊登一則通告：開業當天，前五百名顧客會獲得免費贈送鑽石一顆。免費領取鑽石，這可是天大新聞，人們議論紛紛，就連電視台也連續報導這一消息。鑽石店還沒開業，已經為眾人矚目。

開業前一天，鑽石店門前早就排起長隊，媒體記者也聞風到場，前來採訪老闆，以及報導那些能夠領到免費鑽石的顧客。鑽石店果然不負前言，為前五百名顧客每人贈送一顆0.01克拉的鑽石。每顆鑽石都熠熠生輝，光彩奪目，還配有公證書，證明它的產地、品質。

拿到鑽石的顧客自然格外興奮，不過裸鑽是無法佩戴的，需要加工成成品。店家適時地推出下一項活動：八折優惠加工裸鑽，於是那些領取到裸鑽的顧客又一次湧進店門，排隊等候加工。

3、能否滿足顧客需求？

顧客上門後，贈品的目的基本達到，這時需要進一步吸引顧客的，是服務與贈送時的諾言能否相符。如果顧客能夠方便、快捷、滿意地得到想要的東西，他會加深對贈品的印象，並認為這是一家守信用的公司。那麼，接下來他願意長期與公司合作，並且對他人宣傳這件事情。總之，他會以得到的贈品為驕傲，而不是把它當成一場騙局。這些都是經營管理中的常識，卻為很多人所不知。有些時候不是不知，而是不肯為之付出，或者沒有計畫、簡單地贈送之後，就開始坐著等「錢」；或者顧客上門後，猛宰一把，就此斷送贈送的目的，與顧客永遠地「拜拜」。

任何事情都是有規律、有深層原因的，不要以為人家送了，你也送了，你就可以安心等待「好消息」。只有回歸促銷的本質，遵循基本理論，才會讓你送出去有回報。

贏的秘密

人人都有樂於接受贈品的心理，認為這是一種獎賞；而且多數人都有節儉的習慣，不願意隨隨便便浪費一把新刷子。特里斯克先生的經驗告訴我們，刺激顧客心理，會帶來短期效應，這也是日常生活中常見的飯店提供免費續杯酒水、日用品公司提供免費牙膏和牙刷、免費爆米花而非免費飲料等等現象的經濟學原理。

免費續杯，是在已經付錢購買酒水的基礎上；你不付錢，就得不到免費。免費牙膏、牙刷，幾乎無人會捨得扔掉，可以直接使用，這樣一下子就能感知產品，並記住它的特色。

免費爆米花而非飲料，是典型的刺激消費案例。吃爆米花會讓人口乾舌燥，這時最想的事情就是喝一杯清涼飲料來解渴，會促進飲料大幅銷售。

當然，特里斯克先生的經驗也告訴我們，還有很多各式各樣贈送促銷，如肯德基的玩具，可口可樂的襯衫，這些贈品實際上只能發揮到宣傳產品、提高公司形象的作用，而不會達到立竿見影的銷售目的。沒有人會把襯衫與喝飲料聯想在一起。對剛剛起步，實力不強的公司來說，這種贈送除了犧牲資本之外，意義似乎不大。

優惠類：增加需求量

上個世紀九〇年代末，大陸有家服裝公司準備放棄以代理批發為主的經營模式，嘗試零售業務。當時這家公司經營時間只有五、六年，雖然具備一定規模，但絕沒有足夠的資金、能力在全國開設專賣店等業務。如何在零售中異軍突起呢？在一個秋高氣爽的日子，公司推出了一項轟動性活動，在著名商業街鋪上幾百公尺的紅地毯，大辦促銷活動，內容很簡單：不管消費者喜歡哪件服裝，只要付高於成本價1元，就可以成交。

消息傳出，消費者絡繹不絕來到促銷現場，每人都想購買一款如此廉價的服裝。結果僅僅幾天時間，服裝公司將幾年來積壓的庫存銷售一空。

顧客為什麼會搶購服裝？很明顯，他們被價格誘惑。這種優惠策略最直接的刺激就是可以增加需求量。想一想，同樣的服裝價格不變時，購買者寥寥無幾，難道是他們沒有需求嗎？不是的，每條褲子四百元時，他們可能只會購買一條，可是每條褲子一百五十元時，他們很容易就會購買2～3條。同樣，如果褲子漲價到八百元，大多數顧客都會搖搖頭，表示暫時不買。

價格是最直接、最明顯地影響需求量。因為誰都想少花錢多購物，這是人們追求物美價廉的心理表現。

物美價廉當然人人歡迎，可是商家的利潤從哪裡來？

點到為智

首先我們來瞭解一下什麼是需求量？需求量是指在其他條件不變時，在不同價格下，人們希望購買的某一商品的數量。從定義中可以看出，需求量與價格變化是密不可分的。當價格上漲時，需求量減少，價格下降時，需求量增加。我們以蘋果為例，如果每公斤5元，一個家庭每個月會購買5公斤；可是蘋果價格上漲後，每公斤7元時，這個家庭的收入不變的情況下，會減少購買量，每個月可能只會購買3公斤；價格下跌後，每公斤3元時，情況正好相反，每個月會購買7公斤。從這個簡單的例子可以看出價格對需求量的影響。

價格影響需求量，一方面在於個人收入，收入不變的時候，需求量只能隨著價格變化而增減；另一方面也是心理因素。日本7-ELEVEN會長鈴木敏文先生曾經說過：「現在的消費早已進入心理學領域，可是人們還是習慣將它看作經濟學問題。」

心理因素已經成為影響顧客消費的重要因素，這使我們看到在同一條街上，同一行業的店鋪會有不同的生意，有的店人來人往，生意興旺，有的店顧客稀少，慘澹經營；有的店努力降價，卻乏人問津，有的店只不過稍稍優惠，卻引得顧客川流不息。

1、價格不僅引起需求量變化，還可能導致其他多種變化，其他變化又會影響到需求量。

需求量受到多種因素影響，比如消費者喜好、收入、人數、其他同類商品價格等。當一類商品推出價格優惠策略後，很快引發同類商品連鎖反應，要不要優惠？成為很多同類商品首先考慮的問題，於是擺在消費者面前的選擇就多了。

2、價格變化會引起其他產品銷售的變化。

比如菜價上漲，消費者購買會減少，但是人們的消耗是不變的，在少買菜時，會多購買些肉類，或者其他價格沒有變化的食品。因為菜價上漲，相對於其他價格不變的食品來說，價格就是降低了。這種由一類商品價格上漲，導致另一類商品需求增加的現象，就是消費替代。

還有種情況是一類商品價格上漲後，會導致另一類商品需求下降，例如當汽油價格上漲時，汽車需求量會降低，這種現象就是消費互補。

3、給自己留出優惠的空間。

在商場內，標價上千元的產品最後兩、三百元出售，是常見的事情。為什麼非要標出這麼高的價格呢？任何零售商都處在一個競爭激烈的環境內，在設定商品價格時，必須想到一點：零售標價不等於成交價。因為在競爭壓力下，商家需要進行各式各樣的促銷宣傳，比如店鋪形象、廣告宣傳等，為了留出這部分利潤空間，必須將標價提高。比如成本兩百元左右的童鞋，標價可以五、六百元，這樣可以在別人優惠時，你也能取得主動。

如何把握標價和成交價呢？辦法很多，首先，成交價只針對買單顧客，只有對那些可以立即成交的顧客才可以透露成交價格；如果隨便透露成交價格，會讓買單顧客買的不安心，他們覺得價格還可以再降，因此不肯立即掏錢。其次，可以採取先收錢後折價的做法，在顧客充分瞭解認可商品的基礎上，以優惠方式讓利返還，會讓顧客更願意買單。比如美容商品多用此法，美容護膚品每套三千元，成交後可享受五折優惠，其中巨大的差價具有強烈吸引力。

如果想透過優惠促銷，關鍵一點是讓顧客認同商品的價值，只有在價值基礎上讓利，才更能吸引消費者。

贏的秘密

在很多人眼中，優惠就是打折，是打價格戰。如果僅僅限於此，將優惠做為無奈之舉，或者是經營不良時的一劑補藥，是非常錯誤的觀念。優惠是零售業中最常規、最基本的經營之一，就像人從早到晚離不開吃飯、睡覺，優惠政策也離不開經營的各方面。優惠的目的是刺激需求量，是追求快速、大量地成交，是針對終端顧客展開的有力進攻。

但是並非所有的優惠都能帶來同樣的結果，價格變化會引起連鎖反應，最典型的表現在於奢侈品。奢侈品價格下降時需求量往往也會下降，價格上漲時需求量也會上漲，與常見的需求量變化背道而馳。

競賽類：刺激購買慾望

有一年，大名鼎鼎的福特汽車公司竟然聯合可口可樂公司推出一項競賽活動，讓顧客們猜一猜一輛福特牌客貨車的貨倉內能夠裝下多少易開罐可口可樂。如果猜對了，就會獲得一輛福特客貨車。另外，活動還設立了十個小獎，獎勵給那些猜得數量接近，或者猜對時間較晚的人，這十人每人會獲得十二箱可口可樂。

這個活動可夠新穎，而且十分簡單，因此吸引了大量的人。他們湧向活動設定地點——福特汽車經銷店，在那裡動筆寫下一個個答案。當然，為了得到正確答案，很多人花費時間去研究福特客貨車的性能、特點，尤其是貨倉情況。結果，一時間福特汽車成為人們爭相研究的焦點。

猜一猜，幾乎不費什麼精力，更不用投入金錢，就有可能獲得一輛福特汽車，這是多麼大的誘惑。這樣做會激發人們的好奇心、好勝心，還能滿足人們的僥倖心理，以及追求刺激的心理需求，這表現出競賽類促銷的特點。競賽促銷，顧客獲得實惠，公司靠什麼盈利？福特公司做得很好，一是與可口可樂合作促銷，加大宣傳力度。畢竟汽車太昂貴了，不可能一次以多輛汽車做為獎勵。可是如果只有一人獲獎，競賽難度加大，吸引力會降低。這時與可口可樂聯合，解決了難題，其他人有機會得到可口可樂。二是將競賽活動地點設在經銷店，目的是讓顧客近距離接觸汽車，激發購買慾望。既有了宣傳力度，又有了顧客購買慾望，這類活動就是成功的。

點到為智

競賽類促銷，指的是商家為了誘導消費者參與商品銷售、經營，而舉辦的相關競賽類活動。在這一活動中，消費者會透過個人的才智去解決問題，或者靠運氣，得到某種獎勵。總之，活動會有成績，商家根據成績頒發給獲獎者獎品或者獎金。

常見的競賽類促銷有以下幾種：有獎徵集活動、遊戲競賽、消費競賽、體育競賽、智力競賽、生活情趣競賽等。

有獎徵集活動，包括向公眾徵集商品的商標、廣告語、經營點子等等。有家家電公司曾經向民眾展開過一項活動，他們推出了十幾個廣告語，讓消費者對這些廣告語進行優劣排序。如果選擇的第一個廣告語，正好與公司最終使用的廣告語相符，就可以參加幸運抽獎，獲獎者可以得到免費冰箱一台。徵集活動，還包括收集商家的產品包裝，以收集多少決出勝負。比如飲料公司可以推出收集瓶蓋活動，收集最多的前幾十名可以進行PK，依次獲得獎金或者獎品。

遊戲競賽，即透過一定遊戲程序，根據完成情況給予相對獎金或獎品的活動。遊戲多種多樣，如拼字遊戲、拼圖遊戲等。一些兒童商品多採用這種方式，比如速食麵、小食品中推出的遊戲卡片、吉祥物造型等。

消費類競賽，通常有兩種形式，一是在規定時間、場地內，消費者消耗既定數量商品，達到指定獲獎指標；二是透過競賽方式，在規定時間、場地內，看看哪位消費者消耗量多，最多者即可獲得最高獎，其餘的人依次類推。食品類產品適合這種競賽，如比賽吃西瓜、喝啤酒等，舉行這類競賽可以設置一定條件，吸引更多消費者。不過，由於這類比賽存在一定隱患，有些人為了多吃東西會出現噎食等，因此需要提前做好準備。

體育競賽，也是十分常見的競賽類活動，而且很受歡迎，因為活動不但帶來獎金，還可以鍛鍊身體，對消費者來說一舉多得。經營者可以設置一定條件，邀約消費者進行體育比賽。有家啤酒公司規定，能夠集齊三個以上本公司啤酒瓶蓋或者易開罐拉環的顧客，就可以免費參加足球比賽。比賽第一名可獲得兩萬元獎金，其他人根據成績依次獲獎。在優勝獎之外，還設立抽獎，每位參賽者都有可能獲得獎勵。

智力競賽，是需要消費者發揮自己的才智，然後表現進行評比的活動。這種競賽相對難度較大，如書畫競賽、猜謎比賽等，不過由於這種活動不需要消費者直接消費產品，強調的是消費者的參與精神，因此反而能夠激發消費者熱情，增添產品親和力，容易拉近彼此之間的距離。

生活情趣競賽，是透過日常生活模式展開的較有趣味性的比賽，如廚藝比賽。還有一些是適合民眾參與的比賽，如模仿秀、歌唱比賽等。這類競賽生動有趣，吸引力大。像模仿秀等節目，可以滿足年輕人的明星癮，可以在他們之中創造出一定風格和消費時尚。

從各式各樣的競賽活動中，我們看出這類促銷具有一些共同特點和優勢：

1、活動具有較大吸引力。

透過頒布競賽規格、獎品、召集民眾、參與競答，到最後公布答案，宣布獲獎人員，這一系列過程可以始終牽引著顧客的興趣和注意力，比起一般廣告、宣傳都有效果。

2、競賽活動比較簡單。

競賽活動最關鍵的部分就是設定比賽方式，以及獎品規定，其餘部分只要組織好民眾，根據比賽情況進行評選、頒獎就可以了。

3、活動投資相對很少。

進行競賽，需要投入的資金比較少，主要開支用在獎品、宣傳、評選費用上，這些費用非常透明，事先可以預算。比起優惠、團購等促銷活動，費用開支要容易掌控得多。

4、競賽促銷可以協助經營者進行調查研究，收集一些對開發市場有用的資料。這一點是其他任何促銷都不具備的。

競賽促銷雖然有著多種優點，在具體操作中也有很多注意事項，只有把握這些問題，才有可能獲得預期的效果。

首先，競賽活動前，需要檢查自己的規則設計是否合法，如果出現與法律不符的情況，應該堅決糾正，以免日後麻煩不斷。設計規則時，必須考慮全面，特別是獲獎者數額，最好不要超過百個，太多了糾紛和問題會增加。

其次，競賽活動設計一定要突出趣味性、遊戲性，降低難度，突顯獎品價值，這樣才會增加誘惑力。

活動中，最好請公證員到場。競賽的答案必須明確，不要含糊，以免影響消費者情緒，破壞活動效果。活動中還要注意安全，比如維持好競賽現場秩序等。最後，活動結束後，競賽答案應該廣而告之，這也是活動的一部分，是宣傳企業和產品的有效方式。

贏的秘密

競賽類促銷，獲獎人數比較值得研究，太多了缺乏吸引力，太少了讓人感到難度大，都不是好辦法。現實生活中，當一個競賽促銷活動還沒有結束，頭獎就已經產生時，其他人就失去了興趣。所以，設計競賽活動，最好選擇統一時間公布答案。

還有，隨著競賽活動增加，有些企業利用這一活動辦促銷，卻不守信用，不履行諾言，不給獲獎者頒獎。這種事情發生一次，就會極大地損傷消費者信任。

建議那些真心辦競賽的企業，在活動之前一定要研究好活動規則，並制訂出明晰、確切的活動規則，給消費者一個明確的答案，以免「吃力不討好」，落得一身麻煩。

組合類：培養更廣闊的市場

林林生活在小鎮上，看到朋友開專賣店發了財，也蠢蠢欲動，跑到大都市考察專案。在都市裡，他先後找到了多家品牌企業，最後決定做男鞋品牌。

林林拿到廠商同意書後，很興奮地回到家鄉，高價租下一間商業黃金店鋪，經過緊密時間裝修，開始了自己的專賣店生意。然而，店鋪開業後，儘管他使了多種招數，店裡的顧客始終不多，每天的營業額寥寥無幾，還不夠房租錢。

這種情況下，林林十分焦慮，開始逐一觀察自己鎮上的各家專賣店。一看他才發現，鞋類店鋪已有好幾家，大家每天變著花樣促銷，今天辦特價、明日辦贈送，可謂花樣翻新，層出不窮。林林看著這些情況，心情越發黯淡，他想：「大家都在辦促銷，要是自己也捲入這場促銷戰中，恐怕最後血本無歸。怎麼辦呢？難道就這樣等死？」

在大街上徘徊良久，林林的皮鞋都髒了，沾上一層灰塵。也許是自己正在經營鞋類的緣故，他特別看重鞋的光澤，於是轉身尋找擦鞋的小攤。還真巧，不遠處有個鞋攤，有位五十多歲的師傅正忙著，四周放滿了鞋子。林林急忙趕過去，一邊擦鞋一邊和師傅聊起來。這位師傅的手藝很好，收費也不高，因此生意不錯，每天前來修鞋、擦鞋的顧客都很多。林林聽到這裡，不由得感嘆道：

「我什麼時候才能像你一樣，也能顧客盈門啊？」

師傅聽出林林的苦惱，笑笑沒說什麼。可是林林看著腳下許多隻待修的鞋子，忽然眼前一亮，他說：「師傅，你到我的店門口去修鞋吧！我給你留個免費地方。你在那裡修鞋，風不吹雨不淋的，咱們還能聊聊天，多好。」

還有這樣的好事？師傅莫名其妙地看著林林，不知他打的是什麼主意。林林神秘地笑了笑，對師傅說：「我賣鞋，你修鞋，咱們互相照應，生意肯定會興隆！」師傅想想，覺得有道理，就搬到林林的店鋪外。

第二天，林林就在店門口豎起一塊牌子：免費修鞋、擦鞋，無論從哪裡買的，都保修。他告訴師傅，所有修鞋、擦鞋的收入，都由他個人付，師傅只管工作就行。

師傅有些摸不著頭緒：「我給別人幹活，你來付款，你這是唸的哪門子經？」

林林這才透露真情，他說：「你的手藝好，如果我們免費為他們服務，顧客肯定會大量湧進店來，這樣我的生意就好起來了。非但不賠，我還賺錢呢！」

果然，林林的免費修鞋業務吸引很多人，他們抱著試試看的態度來到店內，在享受到優質服務後，他們特別感動，一傳十，十傳百，到林林店中的顧客越來越多。慢慢地，銷量越來越大，林林的生意出現轉機。

賣鞋的店鋪很多，修鞋的攤位也不少，可是賣鞋跟修鞋結合在一起的店鋪卻不多。人們為了修鞋，會常常光顧林林的店鋪，修鞋需要等待，給了消費者閒逛的時間，這就是林林看好的地方。

沒有消費者光顧，再好的商品也賣不出去。

提供免費修鞋業務，抓住了鞋類經營中重視售後服務的關鍵，讓顧客買得放心，買得踏實。這樣為顧客著想的店鋪，顧客也會報以同樣的信任。

點到為智

顧客不進門，業績等於零，增加顧客流量，讓顧客走進自己的店鋪，才是達成交易的基礎。不管是沃爾瑪，還是家樂福，都在為提高顧客流量，增加來店率而努力。顧客流量多了，進店人數增多，可能的成交率就會上升，這樣業績自然提高。反之，顧客流量低的店鋪，再怎麼努力也很難提高業績，因為有限人數光顧，成交率也高不到哪去。

在我們常見的促銷中，提高顧客流量是主要的目的之一。花錢促銷，就是想吸引目光，讓更多人光顧自己的商店。故事中的老闆林林，就成功地達到了這一目的。他將修鞋與賣鞋組合一起，提供一種新型的服務模式，創造了銷量佳績。

生活中這類組合促銷很常見，但是卻不見得人人成功。有家車商賣給啤酒廠幾輛汽車後，為了答謝啤酒廠，也為了加強與對方的合作互動，挽留這一客戶，決定採取合作促銷活動：買車送啤酒。

這一活動很快推出，大街小巷出現了買汽車送啤酒的宣傳廣告，賣場內也是極力打造，場景十分熱鬧。活動一開始吸引了不少消費者，很多人好奇地前來看熱鬧，也有人本來就想買車，看到有啤酒贈送，掏錢包的速度更快了。可是，活動進行一段時間後，汽車銷量並沒有出現預想的熱門，反而陷入瓶頸中。在賣場內，有很多一家人前來買車的顧客，看到贈送啤酒的廣告，妻子們會立刻皺起眉頭說：「喝酒開車很危險，為什麼偏偏送啤酒？」他們從內心反感汽車商的做法，通常會轉身走出去到另一家賣場尋覓理想的車輛。結果，這次合作促銷以失敗告終。

從這個故事中我們看到，以小恩小惠吸引顧客，不去關注消費者的心理需求，不從消費者角度出發考慮問題，再強大的組合都沒有效果。

1、組合促銷可以採取多種方式。

組合促銷是多種多樣的，既有不同商家的聯合，更有商家自身多種促銷方式並行，如贈送＋優惠，或者優惠＋競賽，或者上述幾種方式共同採用。各種不同的促銷結合，表現了整體行銷的概念，是現代商家最慣用的手法。

2、組合促銷，應該從顧客需求出發。

顧客需要什麼就要提供什麼，比如他們關心價格，可以採取適合的價格，適當地讓利；他們關心服務，就要保證相關服務，並盡可能地增加增值服務。這一點，林林做得很好，再也沒有比店內提供修鞋的售後服務，更容易打動買鞋顧客的了。

3、組合促銷需要注重創新，採取靈活多變的策略。

不要以為多種措施並行，效果就一定好，促銷沒有固定的模式。對市場來說，創新是永恆的主題。不管從內容還是從形式，只有不斷推陳出新，製造賣點，吸引大眾目光，才會達到促銷的目的。

贏的秘密

做好促銷，除了商家聯合，自身多種促銷並行之外，還有一點需要注意，那就是促銷不只是市場部門的職責，對一家具有規模的企業來說，銷售部、產品部以及零售商都要密切合作。如果合作不夠緊密，產品的情況、定位都不清楚，出貨時間、訂貨量、貨源集中地、銷售網點也比較模糊，不知道該往哪些主要銷貨點送貨，或者一些銷售點銷量一般，卻送去大批貨物，這種情況會浪費時間、精力，加大開支，還會耽誤銷售，應該特別注意。因此，促銷是一項合作專案，需要整個公司協力合作。

會員制度：提升品牌價值

半年前，麗達去買衣服，正趕上促銷活動，買一款服裝送一年用的紙杯。麗達覺得很實用，就買下一件外套。紙杯是按月贈送，每月都要去服飾店領取。麗達很高興，每個月都按時去領免費紙杯。半年下來，家裡的紙杯積了一大堆，用不完還可以送人，真是很划算。這天，恰好有位同學到家裡玩，看到她家的紙杯，笑著說：「呵！廣告都做到紙杯上了。」可不，麗達每月領取的免費紙杯，上面都印著服裝的品牌形象呢！

聽了同學這話，麗達就對她講了紙杯的由來，並感慨說：「那家店真不錯，我每次去領紙杯，她們都很熱情地服務，卻很少出現其他的店那樣，生拉硬拽地向人推銷商品。不過，店裡的服裝更新很快，我也不忍心領了紙杯就走，總要在裡面逛逛。這一來二去，又買了幾件衣服。現在，我購物已達指標，是她們店的VIP會員了。」說著，翻出VIP會員卡給同學看。

同學不以為意地接過會員卡，懶懶地說：「這種東西太常見了，還不是為了多賣貨，沒什麼大不了的。」

麗達忙說：「不，這家店跟一般店不一樣，她們從不隨便降價，只有會員才有資格。而且每次贈品都很實惠。」

「是真的嗎？」

「當然了，」麗達說，「不信妳哪天去看看。」

在麗達鼓動下，沒多久同學也來到那家店，經過幾次挑選，她也開始購買其中的服裝，並很快加入VIP行列。

贈品吸引了麗達的第一次購物，持續消費可以成為會員，促進了她的進一步消費。會員制並不少見，從高額入會，到有條件入會，再到免費入會，會員制度已經是現代行銷中司空見慣的策略。

經營者透過會員制可以拴住顧客的心，讓他們重複消費，同時還能提升品牌形象，加深顧客印象。

點到為智

會員制促銷，指的是針對一定數量消費者，需要重複消費某種商品時採取的促銷手法。會員制的好處在於鎖定目標顧客，做出準確定位，適合航空、飯店、美容、超市等行業。

1、會員制是實現重複消費的保障。

抓住顧客，讓他長期消費自己的產品，是會員制的特點。那麼會員制是如何做到的呢？因為它可以返還顧客的消費者剩餘，在顧客大量、持續購買的情況下，會得到其他消費者無法獲得的優惠政策。比如一家便利店，購物50元就可以獲得會員卡，然後半年累計消費3000元時，就能獲得獎勵。3000元消費，對一般家庭來說，半年的日用品很容易達到這一目標，也就是很容易實現獲獎。這一會員制是較為可行的。

2、會員制可以提升顧客品味，給他們展示自我的機會。

會員制，顧名思義代表一定「圈子」，只有圈子內的人才會得到相對待遇。這種制度劃定了消費者之間的差別，給會員信心和較高級的形象。這類會員制特別適合高檔消費場所。比如健身俱樂部，如果你是位職場人士，擁有某家健身俱樂部的會員卡，就可以與其中的很多人士打交道。這樣的話，你就不會被排斥在時尚之外，可在圈內提升自我品味。

3、會員制讓顧客體會到群體觀念，便於雙向交流。

當顧客成為會員後，他會不自覺地對公司的多種產品產生興趣，這樣的話，公司在開發推出新產品、新服務時，會簡化促銷過程，降低銷售成本。比如顧客購買家電公司的熱水器後，如果得到會員卡，他在購買其他家電時，會首先想到這家家電公司。

4、會員制可以提升品牌形象。

如今人人都在談論品牌，使用品牌，可是成功的品牌卻不多。有位老闆在上海的繁華路段開了家專賣店，本著樸實經營的策略，他的商品都是優質貨物，而且價格不高，非常實惠。但是生意卻不溫不火，看看兩邊的店鋪，每天人來人往，為什麼自己的店鋪不興旺呢？在尋找了各種原因，進行了各種改造後，銷量依然不見提高。這時，有位朋友向他提議：實行會員制。

老闆參考了多種會員制方案後，立即全方位提升店鋪品味，提高商品價格，然後高姿態推出會員制。消費者購買5000元後，可享受會員制，會員制不但可以得到優惠商品，還能定期參加免費商品知識培訓，到廠商參觀，以及定期舉行的小型PARTY。在上海的繁華路段，來往的都是時尚、高消費人群，他們不在乎價格，而強調商品品味，購買時的體驗。因此老闆一開始的樸實經營策略是錯誤的，高格調的會員制吸引顧客目光，滿足他們的購買需求。

5、會員制要合理合情，讓會員真正享受到實惠，購買到想要的東西。

會員制是為了吸引消費者，讓他們自願、自覺地遵從商家的安排，在巨大誘惑下享受消費這一過程帶來的種種樂趣。做為賣家總是要賺錢的，但是必須設計合理的制度，抓住並且滿足消費者的需求，能夠說到做到，與消費者建立長期雙贏的關係。如果說到做不到，或者只把會員制當作誘餌，一旦顧客上鉤了，卻不履行自己的諾言，會讓顧客失望的。

6、會員制要注意節約成本，實現利潤最大化。

會員制有很多優點，但是操作過程並非簡單，不是給顧客一張會員卡了事。推行會員制，應該在適當的時機，以合適的產品滿足顧客需求。比如醫院推出會員制時，首先要為病人檢查身體，提供健康情況，可以以價格優惠為突破口，比如免費身體檢查，診療費8折，高血壓藥物8折優惠等。還可以提供知識服務，免費諮詢，以及其他相關特殊服務。

各種優惠制度是會員制的核心，可是這些制度必須建立在低成本、高利潤的基礎上。因此會員制需要經過充分的調查研究和論證，確定明晰的目標，以及各種可能提供的服務，制訂有效的計畫。在承諾會員利益時，要保證他們的義務不可過高，以免顧客不買帳。

贏的秘密

會員制促銷是品牌常用的策略，後來逐漸演變普及到各行各業。品牌會員制，很明顯是提高企業形象，團結忠誠客戶，增加品牌感召力的行為。隨著會員制大眾化，入會門檻降低，會員制越來越常見，深入到小型商店中。

小型企業或者店鋪如何操作會員制的呢？儘管你的店鋪小，企業規模不大，可是會員制關係到每位顧客利益，也必須制訂一套完整有效的模式。首先，會員制要限制會員數量，這樣可以刺激顧客入會的積極性。「物以稀為貴」，這是人們最普遍的心理，因此不管入會門檻多麼低，都要限制數量。其次，小店經營更要注意控制成本，可以聯合其他公司辦活動，比如文具店可以和書店聯合辦理會員卡。還有，注意推出一些與產品有關的書刊或者其他資訊，也可以辦一些小活動，增加會員來店率。

團購策略：消除顧客的恐懼心理

一次，幾位好友去飯店用餐，他們從沒有來過這家飯店，所以不知道什麼菜餚可口。一時間大家拿著菜單，翻來覆去，一直沒有點菜。這時，服務員拿過來一本小冊子，上面寫著：點菜排行榜。她告訴這幾位客人：「這是我們飯店根據客人點菜情況做出的統計，前十道菜餚點菜率最高，你們可以參考一下。」幾位顧客一聽，連忙接過小冊子，看了看說：「好吧！我們就要前面的幾道菜。」

等到幾道菜餚上桌，幾位顧客一邊品嚐一邊讚不絕口：「嗯，確實不錯，味道真的很棒！」

顧客遲遲不肯點菜，原因在於他們不瞭解菜色情況，不知道哪道菜可口。也就是說，陌生的環境下，他們無法把握消費品的時候，做出選擇和決定是不容易的。

在拿不定主意的時候，消費者很希望參考其他人的意見，特別是那些老顧客的意見。借鏡他人的選擇，會給自己踏實感和信心。飯店正是抓住顧客這一心理，為他們提供點菜排行榜，幫助他們點菜消費。

點到為智

為什麼消費者肯借鏡他人的意見呢？從心理學上分析，借鏡前人經驗，會減少失敗的機率，讓自己更容易知道哪款產品適合自己。這是消費者恐懼心理作用的結果，購買一款不熟悉的產品，很可能並不適用，這會白白花錢。如果選擇那些人們普遍看好的產品，結果就不一樣。

我們看到很多企業都會召開訂貨會，當然最根本的目的是賣貨。可是為什麼要採取這種形式呢？部分原因就是透過這一方式促銷，讓客戶瞭解自己的企業、產品，並且有機會與其他客戶交流。在這個過程中，訂單率越高的產品，越有客戶願意下單；訂單率低的產品，購買者會更少。這一現象說明客戶在訂貨時也是懷著恐懼的心理，他們也會熱衷那些在訂單排行榜靠前的產品。

從消費者恐懼心理引發出現代熱門的團購行銷策略。團購是團體購物的簡稱，是一種日漸走俏的行銷模式。最初，團購只是商家在採購過程中為了降低成本，集合子公司進行原料採購的行為。隨著網際網路發展，有些商家開始主動組織同一產品的消費者，代理為他們購物，可以保證品質，獲得超值服務。

慢慢地，消費者個人也開始自發組團，將各種資訊發布到網路，徵詢志同道合的朋友參與購物。這樣團購逐漸流行，成為一種新型消費模式。齊家家居網就是典型的網路團購模式，專門為商家提供各種家具產品，自從2005年開業以來，銷售情況一直看好。

對消費者來講，團購具有兩大特點：一是產品價格比市場最低零售價還要低；二是產品的品質和服務能夠得到有效保障。

團購的兩大特點足以吸引多數人目光，可謂實現「物美價廉」之夢想，還能避免不必要的恐懼心理。大家都選擇的產品，萬一產品不適用，或者服務不好，由團隊出面調解，省去很多麻煩。團購方便了顧客，因此大受歡迎。可是低於市場的價格會為商家帶來利潤嗎？商家在團購中又該如何盈利呢？

1、採取團購策略時，商家應該將產品細化。

首先，可以將團購產品與傳統管道的產品進行區分。團購產品價格很低，甚至低於最高代理商，如果同一產品經過兩種方式銷售，會影響代理商經營，擾亂市場，而進行區分，不同產品採取不同管道，會避免麻煩。

其次，同一產品進行團購時，可以選擇節日、假日，或者其他特定時間，在一些特殊銷售點進行，也會避免與傳統管道碰撞，並減低開發新團購帶來的風險。

第三，針對不同團購類型，採取不同策略。一般來說團購有兩種：組織型和個人型。前者多指公司、社會團體等，後者主要是親友團、臨時性團體等。組織型團購大多是選擇一般商品，如大眾化消費品，而個人型團購會選擇一些具有特色的產品，如保健品。明白不同團購組織的不同取向後，以此進行產品團購包裝、宣傳、開發，會利於團購推行。

2、準確地定位價格，實現團購盈利。

團購價格很低，到底低到什麼程度最合適呢？

首先，團購價格不能影響正常管道銷售價格，應該參考正常價格定位。

其次，團購定價應該根據數量決定，當團購數量大時，價格可適當降低，但是最低不能低於零售商的供應價。還有，團購價格需要保護，不能隨便散播，更不能擾亂其他銷售途徑。另外，與大客戶交易時，可以較正規的方式進行，比如簽訂合約、提出申請等等。當然，這些客戶的交易價格要絕對保密。

除了上述常見的團購訂價方式外，根據產品進行訂價也是很正常的。比如新產品訂價，就要參考相關產品價格，以及當地經濟水準等。需要注意的是，新產品團購價格宜高不宜低。因為新產品運作空間較大，一旦價格訂得太低，會影響其後的正常銷售。專供產品訂價，價格要高，比同類產品價格高出10～15％，這樣可以提高專供產品的品味，增加利潤點。

3、團購不是主要銷售通路，應該做好正常銷售工作。

團購是一種補救或者臨時性措施，需要與其他銷售協調好關係。首先要明確團購的方向，是直銷為主還是經銷為主，如果選擇前者，那麼經銷商處於二級地位，容易讓企業失去控制能力，產生對抗。

不管採取哪種管道，都要保障各方利益。傳統管道一般具有良好的人脈關係，網路系統，具有一定層次感。因此團購想要不與傳統管道抵觸，就要實行嚴格的級差價格體系。

當傳統管道出現問題時，可將團購管道提升、優化，進而成為帶動傳統管道的工具，避免市場波動。

一旦銷售通路之間出現衝突，可以在各種通路上進行宣傳，突出「顧客第一」的觀念，與顧客建立長期共存關係，會減少一些損失。

贏的秘密

團體購買會降低風險，因此受到歡迎。團購時應該根據不同產品，採取不同的策略，所以細分產品是很關鍵的。由於不同類型的消費者有不同的價值觀念、生活取向，對於大眾型產品，如食品、飲料，最好也進行細化，這樣會更有針對性。

在現實團購策略中，很多公司針對不同產品做了細緻入微的劃分，比如常見的保健品，會分為老年型、女士型、兒童型等等，每個品種都設計一定團購方案，利於推行團購促銷。

高額獎勵，先聲奪人

美國一家玻璃公司生產開發了一款新產品——安全輕便4X型強化玻璃。這款玻璃有四層夾層組成，十分輕薄，強度大，不易破碎，正好適合當時市場需求。

玻璃開發出來後，該如何進入市場，被建築界快速認識、接納呢？公司決定邀請一家企劃公司協助，雙方達成協議後，選擇了密爾沃基市做為宣傳地。當時恰好美國勞教所委員會在當地舉行會議，他們立刻想到利用這個機會。

幾天後，勞教會召開，玻璃公司的展覽會也如期上演。在會場，4X玻璃樣品被鑲嵌在框架上，右上角貼著產品標籤，在玻璃背面則貼著一張十萬美元的現金支票。另外，產品旁邊放著一根棒球棍，旁邊豎立的告示顯示：每個人可以擊打玻璃三下，誰能用球棒打破玻璃，那麼十萬美元就歸誰；如果無人擊碎玻璃，十萬美元就捐獻給當地。活動吸引大量參觀者，人們無不躍躍欲試，拿起球棒擊打玻璃，希望得到那十萬美元。

為了宣傳這次活動，公司邀請了很多記者和攝影師，讓他們為這次活動錄影、做證人，當然，也力請他們去擊打玻璃。

活動如火如荼地進行著，很多人拿起球棒敲擊玻璃，可是沒有一個人能夠將玻璃擊碎，自然無人領到獎金。最後，公司將十萬美元如約捐獻出去，並舉辦隆重的儀式。

這一過程實現了公司的預期目標，得到電視、電台、報紙等媒體的大力宣傳，他們紛紛以「打不破的薄玻璃」進行報導，突出了產品特色。

十萬美元高額獎勵，完成了產品進入市場的首期任務，接下來公司趁熱打鐵，印製了大量宣傳玻璃產品的海報、剪報，郵寄給建築界老闆們。不久，大量訂單湧進門，公司順利地將產品推向市場，獲得成功。

無人不為獎勵心動，這是人之常情，特別是高額獎勵，更是吸引人。

高額獎勵當然吸引顧客，會給他們滿足感，可是獎勵如同魚餌，不是用來餵飽魚的，魚餌的作用只是誘惑魚上鉤。玻璃公司正是抓住這一特點，用足了精力「釣魚」，不但吸引了很多人到場，還利用媒體大肆宣傳。

魚兒上鉤後，市場就好做了。玻璃公司的十萬美元可算做足了文章，沒有白白捐獻出去。

點到為智

說起高額獎勵，總讓人想起戰國時期的商鞅，他為了在秦國推行新法，曾經立木為信，下令在南門外立了一根長達三丈的木杆，貼出告示說：「誰能把這根木杆搬到北門，賞金十兩。」人們都來圍觀，卻不肯動手，因為他們不相信這麼簡單的事，會有如此厚報。商鞅見此，就將賞金提高到五十兩。所謂重賞之下必有勇夫，這下有人耐不住了，站出來扛起木杆到達北門。商鞅立即兌現諾言，賞給那人五十兩黃金。這件事大大地刺激秦國百姓，讓他們相信了商鞅，從此商鞅樹立威信，為順利推行變法打下基礎。也正是有了商鞅變法，秦國才在諸侯中脫穎而出，最終統一中國。

立木為信，雖然是政治行為，可是也反映出高額獎勵這一舉措，對人們心理、對整個組織的影響力。高額獎勵最突出的特點在於「高額」二字，給人強烈的衝擊力，會產生一鳴驚人的效果。

綜觀經營，無不是以巧為貴，只要巧妙地宣揚了自己的產品，就是優秀的行銷方案。在行銷中，第一步就是抓住顧客的感官，讓他們聽到自己的產品資訊、看到自己的產品，才有可能接受或者否定產品。

1、當一顆高額獎勵的「炸彈」放在消費者面前時，自然帶給他們驚喜。

獎勵促銷的特點在於：獲獎的方式和途徑非常簡單，人人可為。玻璃公司推出的十萬美元獎勵，每個人都可以去爭取，只要拿起球棒敲打玻璃三下。這種簡單做法的背後，有著巨大的利益，因此會吸引大量人群。

當每個人都參與獎勵活動中時，自然可以全面地瞭解產品，產生深刻印象，也就成為潛在消費者。

2、在經銷過程中可以採取獎勵措施。

獎勵的方法很多，除了在新產品推向市場時採取高額獎勵外，在產品經銷過程中，也可以採取獎勵辦法。比如購買有獎，可以設定一項獎勵，當消費者在銷售點進行或增加購買時，可以得到這項獎勵。這種方法在速食店、電信公司、美容店常常見到。

3、獎勵的目的是什麼？是吸引消費者，達成交易。

獎勵活動不能一味削弱公司利益去滿足消費者，正確的做法是迎合他們的「口味」。要想迎合消費者口味，就要突破傳統概念，從做法上求創新，多去琢磨顧客需求。比如男人和女人的購物方式不同，他們有明確的目標，買東西都有事先規劃，如果針對他們展開獎勵，就一定要有充足的理由，讓他們覺得可信。

不管獎勵如何設計，以巧勝出是關鍵。如果獎勵額度夠高，可是效果不佳，就要考慮方法是否正確。有些消費者喜歡獨一無二的獎勵活動，他們不怎麼在乎獎金多少。為什麼呢？因為他們想要與眾不同。所以差別化獎勵，一來可以避免價格過低，二來會帶來意想不到的效果，一直為商家看重。

4、零售商推出獎勵活動，應該盡可能地展示商品。

多數公司必須透過零售商才能銷貨，這時如果商品需要展示，最好從生產環節就為零售商做好準備，讓他們在拿到商品時，可以輕鬆地取出商品進行陳列，或者公司派人直接去做陳列。這些做法當然會增加成本，可是100％展示商品，比起60％展示商品，把其餘的40％商品堆積到倉庫中，會取得更好效果。

5、獎勵促銷可以提升品牌形象，獎勵品也可以當作收藏品。

當你選擇獎品時，應該牢記活動目的，可供選擇的物品起碼需要考慮以下幾點：

a.是低層級獎品還是高層級獎品？

b.是同一公司的獎品還是其他獎品？

c.獎品是否起著增值作用，能否補充品牌形象？

d.獎品是不是目標消費者喜愛的？

e.獎品要不要印上公司圖示？廣告語？

在選擇獎品時，應該考慮那些可以增強品牌形象，而且方便使用、儲存或者運輸的產品；還可以結合品牌形象進行宣傳，最好不要選擇能夠透過一般管道可以輕鬆獲得的商品。也就是說，要選擇那些具有特色的獎品，會提高獎勵效果。阿美拉達—赫斯石油公司推出的獎品就特別引人矚目，比如他們會製作玩具卡車，這些玩具車到消費者手中後，成為了珍貴的收藏品。

贏的秘密

精心設計的獎勵促銷可以讓消費者無法拒絕，進而拉動銷售，增加業績，還能提升品牌形象。然而，這種策略對小企業、小公司來說，是否也值得一試呢？

小型獨立經營的企業，要想單獨採取獎勵措施，必須慎重估算成本，獎勵要隨著商品價格、銷量、定位去制訂，如果你每天銷售額不足1000元，而拿出100元做獎勵，非倒閉不可。然而，獎勵做為促銷辦法，也不是不可嘗試，當你銷售額達1000元左右時，可考慮拿出10～15元做為獎勵，獎品可以選擇簡便的T恤，在上面印上公司產品、圖示等，獎勵的對象一定要慎重選擇，盡量選擇那些業績突出的零售商或者促銷人員。

香餌釣鉤魅力無限

澤登信子是日本東京淑女企劃公司的董事長，有一年她與日本東京西武百貨公司合作，推出了一項「給妳經營一個星期」店面的活動。內容很簡單，卻很有吸引力，就是西武百貨公司免費借給信子十間店面，每間三平方公尺，期限為五十週。信子借用這些店面做什麼呢？她並非獨自享用，而是號召東京有意當老闆的小姐、太太們前來經營。每位女士可以免費擁有一個店面，經營一個星期，商品以手工藝品、手工縫紉的服裝為主。女士們使用的店面既不用付款，也不用繳押金，條件就是將銷售額的30％交給百貨公司，10％交給信子的企劃公司。

不用繳押金，不用租店面，只是賣出去商品再繳利潤提成，這對於女士們來說，沒有任何壓力和負擔，不用為生意虧本發愁；同時可以在東京繁華的地段練習經商，真是一個難得的鍛鍊機會。前來報名的女士絡繹不絕，三天時間內就超過七八百人。

這些女士們在選擇了店面後，帶來了大量新奇有趣的商品。雖然她們不懂經營，卻帶動很多親朋好友光顧，百貨公司的其他商品也受到關注，銷量持續上升。而且，每個星期換一個經營者，這一活動也引起廣大人士好奇，百貨公司的知名度進一步提升。在活動結束時，信子經過計算，發現這些免費租用店面每週銷貨量達30萬日圓，比起其他店面的銷量高出很多。

在寸土寸金的地段免費借用店面，對百貨公司來說，是不是一項虧本買賣呢？表面看他們無利可賺，只不過收取賣出商品30％的利潤。要知道，這些店面由一些毫無經驗的女士們經營，能不能賣出去商品都很難說，要是她們一件商品也賣不出去，百貨公司就一塊錢利潤都沒有。

那麼百貨公司為什麼同意這項企劃呢？原因在於他們想吸引消費者，每週換經營者、換商品，會給公司帶來新鮮的感覺；而且店方不用投入經營，節省下很多精力；新的經營者會為公司帶來很多顧客，這些人不會只買朋友的商品，更會順便購買百貨公司的其他商品；還有這種全新經營模式，自然引起人們關注，提升百貨公司知名度。

這樣算下來，百貨公司可謂一舉多得。在實際經營中，那些不會做生意的女士們還銷出去了大量商品，直接為公司帶來了利潤。因此，百貨公司不賠反賺，不愧是拋出去了一個香餌釣鉤。

點到為智

誰都知道，增加客流量是提高銷量的關鍵，為了達到這一目的，經營者會想盡辦法。如果一家店鋪平均每天顧客100人，每人成交金額為200元，那麼這個店一個月、一年的營業額就會達到：

一個月的營業額：200元×100人×30天=600000元；

一年的營業額：200元×100人×365天=7300000元。

看到了吧！一年的營業額高達70多萬元，這就看出每位顧客對店鋪銷售額的影響來，也是店家苦苦爭取來店率，希望人氣旺的原因所在。

拋下香餌釣鉤，自然會釣上許多魚。我們經常看到，有些店鋪在日常行銷中，一旦有了空閒，常常安排銷售人員跳舞，這看似鍛鍊身體、提高工作效率的做法，其實還有一個因素在內，就是挑起賣場氣氛，讓更多人走進賣場。

人氣旺了，還需要店家想辦法增加成交率，如果每位顧客購買的商品增加1倍，營業額又會變成什麼情況呢？這就是聯單問題，也就是提高客單價。

有個著名的行銷故事，講的是一位百貨公司推銷員成功地在一天時間內賣出去50萬美元的商品，老闆很驚訝，詢問他的訣竅。他說：「顧客想買一個魚鉤，我建議他順便買魚竿和魚線。在這個過程中，我聽說他要去海濱釣魚，就建議他應該有艘汽艇。可是他認為自己的汽車太小了，裝不下汽艇，我就帶他去了汽車銷售部，推薦他一輛小卡車。」老闆大驚：「一位只想買魚鉤的顧客，你竟然推銷給他這麼多商品，簡直太優秀了！」推銷員說：「不是的，顧客本來是想買阿司匹靈的，因為他與老婆吵架了，特別頭痛。我就對他說，除了服藥，外出度假也是很好的放鬆辦法，還可以躲避夫人的責罵。結果，他採納了我的意見。」

推銷員一步步誘導，促成了一筆大生意，他拋下的釣鉤是解決顧客難題、順藤摸瓜地聯單銷售。

1、從顧客需求出發，是拋出釣鉤的第一步。

魚餌好不好，只有魚說了算。商家拋出去的香餌，能否吸引顧客，也是顧客說了算。回顧信子推出的「給妳經營一個星期」店面的活動，正是抓住了女士們的心理，才挑起她們的積極性。

在女士們積極參與下，又刺激了廣大消費者的好奇心，於是百貨公司的顧客流量增加，就是合情合理的事情。

2、顧客進店後，不能滿足於一件商品的成交。積極引導、啟發顧客的連帶需求，可以提高客單價，提升利潤。

有位年輕男子去賣場買褲子，促銷人員在為他推薦褲子過程中，先後搭配推薦了襯衫、皮帶、領帶，這就是典型的聯單銷售。成交金額多少，關鍵在於聯單率，即顧客購買商品的平均金額。客單價是銷售額與顧客數的比值，當顧客數增加，銷售額不變時，客單價就降低，說明商場利潤降低；反之，當顧客數不變，銷售額增加時，利潤上升。要做到這一點，最簡單的辦法就是聯單，讓一位顧客多買商品。

3、如何提高聯單率？

讓顧客多買商品，是促銷的另一重點。比如購買贈送，就是典型聯單促銷。在提高聯單率方面，還有一些訣竅可尋：

①關聯陳列，將相關商品根據顧客消費習慣進行陳列，比如常見的餅乾與飲料同時陳列，麵包和果醬陳列在一個櫥櫃，都會引導顧客聯單消費。

②將商品組合包裝，如火腿和速食麵組合，火鍋料和羊肉組合。這種組合比較簡單，在實際行

銷中，禮品組合包裝非常有效。麥德龍是禮包專家，專門為節慶、活動準備商品組合和特別禮包設計。他們會尋找出獨特的商品，將它們組合，並設計相對的禮盒。這種包裝花費不高，卻適應顧客的需求。

③推給顧客購物車，讓他們去選擇商品。很多地方的家樂福賣場門口都沒有購物籃，只有購物車，原因何在？顧客們空空一身，可能只是閒逛，沒有特別想要買商品，再說買商品也只能買一、兩件，不然拿都拿不動。如果在顯眼處擺放著購物車，或者直接由服務員向他們熱情地推出購物車，很快顧客會身不由己地接過去。當他們推著購物車逛超市時，消費心理會產生微妙變化：可能會購買一、兩款商品，畢竟空著車子不像回事；也可能會大量購買，因為買東西的慾望一旦勾起，就難以抑制。

④想辦法留住顧客。盡可能地延長顧客逗留時間，可以增加一些理想化設計，比如添加遊戲機、兒童娛樂天地、讀書空間等，都會讓顧客更多地停留，也就更多可能地推銷了商品。

贏的秘密

商家要做的，是在顧客掏錢購物後，感到買下這款產品真好，而不是硬把顧客不需要的商品塞給他們。從顧客角度出發，對他們有利，才會對商家真正、長久的有利。

降價是為了減少庫存量

二十世紀八〇年代，大陸白酒生產進入黃金時期。安徽省古井酒廠是當地著名企業，在全國範圍內規模一般，但是效益良好，產品供不應求。可是1988年末，廠長卻突然召集科技研究人員，商量降價的事情。很多人莫名其妙：「銷量很好，為什麼要降價？」廠長不做解釋，而且還要求科技研究人員盡快研製55度白酒新產品。

過年後的春天，白酒市場出現大轉變，賣方市場轉向買方市場，產品一下子出現滯銷。這時，人們才明白廠長過年前的決定。

1989年7月份，全國白酒訂貨會在黃山舉行，古井酒廠在會上突然宣布降價銷售方案，55度白酒比過去的60度白酒價格降低了60%。如此巨大的降價，自然吸引經銷商，古井酒廠簽訂了5100噸白酒銷售合約。一石激起千層浪，其他酒廠見此，十分不滿，紛紛上告國家主管部門，認為古井酒廠這是傾銷行為，要求給予制裁。

國家主管部門經過審查，發現當初法律規定60度酒不能隨便降價，卻沒有對55度酒做出限制。就是說古井酒廠的降價行為不受法律約束，是合法的。

其他酒廠無奈之下，只好也捲入降價風潮中。然而，古井酒廠早就做好了準備，爭取了寶貴的半年時間。在這段時間內，他們搶佔大片市場，到1989年年底一舉躍居全國500家最大的工業企業行列。

古井酒廠經過周密策劃，採取了降價措施，避免了法律制裁，同時，高度保密的政策，也讓競爭對手處於麻痺狀態，進而打出致勝一擊，爭取了時間和效力。

點到為智

降價是再常見不過的現象了，從「流血大拍賣」到「清倉大處理」，這些話語隨處可見。市場真是如此無情嗎？這種拋售和處理能給經營者帶來利潤嗎？

這些行為不但難以給經營者帶來效益，還往往會貶低店鋪形象，給人不良印象。然而經營者困惑了：「不降價怎麼辦？庫存如何處理？」

庫存的確需要處理，就像一個蓄水池，如果裡面的水是髒的，不管加進去多少清水，依然是髒水；可是如果將水池清理乾淨，加入一滴清水，也是乾淨的。將這個比喻用在庫存上，就是只有清除庫存，才會增添新貨，也就容易吸引消費者。不然，即便一件庫存產品擺在那，也讓人覺得這家店鋪太陳舊，跟不上時尚。

既然庫存如此嚴重地影響著生意，就該想辦法減少它們，於是多數人想到了降價。可是降價也需要講究策略：

1、降價要選準時機，要師出有名。

大拍賣、大處理之類的字眼，會給人不良印象，有損形象。倒不如一些合適的理由，比如節慶降價、週年慶活動降價。

2、降價要有策劃、有準備。

降價是行銷中的大事，需要從頭到尾進行策劃，有一套完整的策略。像故事中講的古井酒廠，就是有準備的降價行為，才能避免了很多糾紛。如果降價是被迫的舉動，一般很難獲得什麼機會，就像跟在古井酒廠後面降價的其他酒廠，已經失去先機，也沒有準備工作，可算是倉促應戰，效果可想而知。

3、降價也要講信譽，不要失信於顧客。

不少商家為了銷貨，打出降價的牌子，實際上價格並沒有變動，甚至還提高了。這種行為只能矇騙一時，等到被消費者揭穿，就會損及整體利益，可謂得不償失。還有些商家降價的產品品質低劣，卻不負責售後服務，讓人產生上當受騙的感覺。

4、降價需要掌握技巧。

降價中有很多技巧，比如降價幅度要大，可以少數幾種商品降價，比起多種商品小幅度降價，效果要好很多。限制降價時間，鼓勵消費者盡早買單。有家微波爐公司，推出了降價30％的活動，結果消費者卻持觀望態度，不肯掏錢。為什麼呢？經過調查才得知，消費者覺得既然現在商品價格下調，說不定日後還會比現在的價格低呢！於是公司明確規定，降價截止到10月10日，這下消費者覺得機不可失，紛紛掏錢購買。

5、降價時，應該隨時觀察對手的反應。

不要以為降價是個人的事，哪怕你只是經營著一家便利商店，周圍也有很多同行。你降價會引起他們反應，還可能會遭到報復，為此隨時觀察對手反應，能夠制訂出對雙方有利的措施當然最好不過。

一般來說，降價都是不得不採取的措施，特別是那些小本經營的店鋪，那麼有沒有更好的辦法預防降價，或者是減少庫存呢？

首先，我們應瞭解為什麼要訂貨。商品不斷供應，不斷更新，才會順利銷售，因此需要經常訂貨。一旦商品斷貨，會直接影響銷售，還會影響店鋪的聲譽。顧客一次買不到貨，可能會永遠不再進來，因為相同的貨物太多了。

其次，訂貨要講究技巧。訂貨也有竅門，你要明白以下幾點：

①訂多少貨合適。訂貨量不是由以前的賣貨量決定的，而是要考慮賣多少才能保本和賺錢。銷貨量是隨時變化的，比如租金和員工薪水增加了，還要依照老辦法訂貨，就賺不到錢。而且

依從前的賣貨量訂貨，也難以有所突破。

②訂哪些貨。你要明白貨物是賣給誰，而不是想著誰會來買。貨物到底好不好，消費者說了算，只有明白哪些人是自己的消費族群體，才會準確地下單。

③什麼時間訂貨。最好、最簡單的辦法就是隨著季節而動，走在季節前面。這樣才能保證新貨即時上市，以免錯失良機。

④訂多少款式。款式成千上萬，到底訂多少適合自己的店面呢？可以根據店面內樣品陳列的狀況做個統計，當樣品陳列達到最佳狀態時，需要多少款式，就可以做出選擇。

最後，訂貨合適了，可以將當季貨物實現零庫存。

贏的秘密

商家都很擔心備貨問題，害怕缺貨了影響銷售，可是又擔心貨多了造成積壓。如果能夠打破傳統觀念，不以存貨去銷售，問題會簡單很多。商品需求量是決定進貨多少的因素，以此出發去訂貨，既可以保證銷售，還能避免過多的庫存。

第十章
各行業的不虧本買賣

房地產業：總是在「虧」中盈利

十幾年前，美福來是家房地產仲介機構，專門為人介紹買賣房子。經過幾年累積，公司有了一定成本，開始小規模投資房地產，漸漸地，公司越做越大，成為當地小有名氣的房地產開發商，擁有了幾處房地產。當這些房地產進入銷售階段後，公司遇到了麻煩，因為隨著經濟快速發展，不少大開發商進駐當地城市，已經推出很多有名氣的房地產。買房子是人生大事，誰也不想冒險，多數人還是看中大開發商的房地產，認為他們的房子更可靠。

如何將自己的房地產推銷出去呢？美福來公司想了很多辦法，降低房價、買房送禮，甚至幫業主的子女聯繫工作等等。總之，他們幾乎將所有的促銷策略都用上了。然而市場無情，儘管他們用盡招數，消費者還是不肯買帳，甚至有些人認為：「你的條件這麼優惠，肯定是房子品質有問題。」結果，美福來公司的房地產銷售陷入僵局之中，瀕臨破產風險。這天，有位銷售員對老闆提了個建議：「既然消費者擔心房子品質，我們不如採取無理由退房策略，這不解決他們的擔憂了嗎？」

無理由退貨，是銷售中經常出現的一個辦法，用來擔保產品品質，消除顧客憂患，促進銷量。比如服裝鞋帽、首飾經常採用這個辦法。可是美福來公司的產品是房子，一處房地產動輒十幾萬、幾十萬，賣出去了顧客就會對房子進行裝修、居住等，一旦退貨，就變成二手屋，價格會下滑很多。而且是無理由退貨，如果有些業主投機取巧，住上一段時間要求退房，這不是明擺著給開發商出難題嗎？看起來無理由退房這一策略，好像沒有什麼可採取之處。可是眼前又沒有什麼其他好辦法，總不能看著房地產一日日擱置下去。美福來公司的老闆經過一番思索，最終採納這一策略，打出了「兩年時間內無理由退房」的廣告語。廣告語打出後，立即引起人們注意，大家議論紛紛，前來諮詢買房者陡然增加。這件事也讓媒體十分關注，在電視台做了相關報導。可想而知，美福來公司透過這一促銷手法，最終度過了難關，房地產銷售一空，從此以後，公司也跨入一個新臺階。

美福來公司在激烈競爭中，背水一戰，用「無理由退房」打動消費者，讓他們確信房子的品質、服務，以及公司的實力。「無理由退房」，看似風險重重。實際上，從中國人的房子情結來看，這樣做很有道理。因為中國人把房子看作「家」，投入了濃厚的感情，非金錢可比。一旦確定這間房子是自己的家，沒有幾個人會捨得輕易退掉。

點到為智

幾乎每家房地產開發商都在大張旗鼓地辦各種促銷活動。有家開發商推出「買房子送美女」活動：如果購屋者是單身男性，房地產開發商負責為他當紅娘，介紹女朋友。除此之外，買房送油卡、買房送鑽石、買房送汽車……等等招數可謂千奇百怪，應有盡有。

適合房地產業的促銷手法很多。可以直接降價，可以優惠贈送，可以團購銷售，也可以減少頭期款，還有很多其他策略。

直接降價非常常見，卻效果一般。這種方法的好處是透明度高，能夠傳達出開發商的真情實意，如果價格合乎消費者需求，增加銷量也是可能的。比如2008年經濟危機後，各大開發商都忙著調整價格，以討好消費者。可是這種辦法也有缺點，因為直接降價給消費者會產生一個資訊：房價會不會繼續跌落？於是就出現了你越降顧客越不買的現象，他們都在等著最低價；同時房價下跌，直接影響到公司、房地產形象，給消費者不良印象。因此如果想降價，也建議開發商們找到一個合理的理由：比如紀念公司成立十週年、限期降價等。

優惠贈送，幾乎是每家開發商的必然措施，贈品也五花八門，極盡吸引。由於贈送太多了，也就失去新意，所以建議開發商在這上面創新，想出新花樣。比如贈品創新、贈送方式創新等。吳女士就遇到了買房送工作的促銷活動，在經濟危機下，失業人數驟增的今天，這個舉措就具有一定吸引力。

特價銷售，指的是公司推出一些特價房，供給特殊人群。最常見的是給公司內部人員的特價房，價格相當於市價的一半，非常具有吸引力。其實這種銷售背後，暗藏玄機。公司內部人員也不過需要一間房子罷了，半價賣給他們的房子，是透過這一管道轉賣出去，這種半遮蔽式的銷售，更容易引起人們好奇，增加宣傳力度。

團購策略成為房地產銷售的重頭戲。對消費者來說，人多力量大，可以狠狠地殺價，買到最實惠的房子。對開發商而言，團購賣房一次出手大批房地產，省去很多銷售環節，即便價格很低，算一算也比一間一間賣划算。雙贏是團購的精髓。

減低頭期款，也逐漸出現在房地產銷售中。隨著銀行收縮銀根，購屋頭期款比例提高，成為消費者最大的難題。這時，減低頭期款，降低門檻，可以吸引那些上班不久，或者積蓄不多的人群，讓他們加入自己的購屋隊伍中。這種方式自然會損害到開發商利益，特別是還款能力差的消費者，如果無法償還房貸，開發商就只能有苦自己吞。

現在，還有些開發商推出了購屋保護計畫，什麼意思呢？就是房價一旦下跌，開發商會補償差額。這一計畫當然吸引消費者，不過對開發商來說風險很大，誰也無法預測明天的房地產市場，如果真的暴跌，開發商拿什麼補償消費者？所以看似為消費者著想，實則不是一個長遠行為。倒不如有些建案推出的「先租後買」策略。

先租後買，就是讓消費者先去體驗房子，如果合乎自己的意願，再掏錢不遲。這種方法打的是消費心理戰術，等到消費者喜歡上自己的房子，不肯搬出去了，必然會付錢買單。不過這種方法的風險在於如果房市突然變動，消費者大量退房也不是不可能的。到時候開發商可是欲哭無淚。

贏的秘密

小小的炒房族如何賺到錢？當然是低買高賣，賺差價利潤。可是遇到房市低迷時，房子也會套在手中，這時有必要參考一下促銷策略，最適用的就是「先租後買」法，可以避開營業稅，還能挽回些損失。

餐飲業：留出一塊空地

在一座民風淳樸、遠離現代喧囂的城鎮中，發生了這樣一個故事。一天，兩位年輕人里克和約翰準備經營現代化飯店，為此專門去請求長老會同意。長老會是當地人推舉的民間組織，負責維護小鎮風貌，以免被流行文化侵蝕。也是由於他們的極力維護，小鎮一直保持著古老而獨特的風格，因此逐漸為外人關注，前來旅遊者增多。年輕人正是看準了這一時機，準備開家飯店招待這些旅客。

長老會經過反覆討論，最終同意了兩位年輕人的請求，不過要求他們在離小鎮十里之外的地方建飯店，不要破壞小鎮的風貌。

兩位年輕人非常高興，立即著手準備修建飯店事宜。他們每人擁有一塊土地，里克想：「要想開飯店，就要充分利用這塊土地，建一個規模大、裝修豪華的飯店，這樣才會吸引旅客。」約翰卻與他的想法不同，他只使用了一半土地修建飯店，而在前面留出一大塊空地。

里克看到約翰的做法，頗不以為然，他說：「飯店大了，才可能讓更多客人進來用餐，你留出一大塊空地幹什麼？難道這塊地不用繳租金？」

約翰回答：「當然要繳了，可是我認為這樣更合理。」

里克認為約翰不會經營，心想：「你覺得合理有什麼用？經營就是多賺錢，你的飯店比我的小一半，留出那麼大塊空地白繳租金，肯定沒有我經營得好。」

兩位年輕人不知不覺地展開了較量。里克十分賣力，請來最好的廚師，每天為旅客奉獻上各式各樣美味佳餚。可是經營沒有多久，里克發現前來自己飯店用餐的旅客，遠遠沒有約翰飯店的多。這是怎麼回事？他開始尋找各種原因，改善服務品質，推出各類活動。可是顧客們好像著魔了似的，他們就是不肯光顧自己的飯店，而是一股腦兒奔向約翰的飯店。約翰究竟用了什麼法術？里克百思不得其解。

終於有一天，里克決定不再經營飯店了，臨走前他親自到約翰的飯店去探探究竟。在約翰的飯店裡，他從廚房到雜物間，逐一觀察卻沒有看出什麼區別。約翰明白約翰的用心，指著門外說：「朋友，我想你肯定很奇怪，為什麼顧客總愛進我的店？很簡單啊！你看我在門外為他們預備了一塊停車場地。來我們這裡的客人，不管是當地的還是外來的，幾乎每人都開著車，有了停車的地方，他們才可能下車進店吃飯，你說對不對？」

給人方便自己方便，約翰的經營之道看起來非常簡單，但是里克卻沒有看透這層玄機。里克為經營做出的一切努力都不錯，錯就錯在他不為顧客著想，他想的是多賺錢。

實際上，多賺錢不是錯，可是錢從哪裡來？從顧客身上，顧客用餐才會付錢。只有那些從顧客角度著想的飯店，才可能贏得顧客關照。所以留出一塊空地，看似白繳租金，是不會經營的舉動，實則適合餐飲業經營的永久主題。

點到為智

餐飲業行銷中，適合的促銷辦法很多。既可以辦優惠贈送，如點一道菜送一道菜，也可以辦競賽活動，如根據季節舉行演唱比賽，還可以與其他行業組合辦活動，如消費一定量可以參加免費旅遊。餐飲業促銷最大的特點就是從人出發，給每位顧客切實、舒適、親切的感受。

1、可以進行各類主題之夜的活動。

節日、假日是餐飲業忙碌的時候，特別是一些西方節日，如情人節、母親節，人們喜歡到飯店用餐。在西方，母親節那天母親是不用下廚房的，是要休息的。很多子女都會邀請母親到餐廳用餐，表示慶祝。飯店如果抓住這個機會，準備些送給母親們的小禮品、小活動，會增進顧客的好感。

中國傳統節日，人們也有團聚的習慣，由於工作忙碌現在很多人選擇到飯店過節，這也是餐飲業的好機會。

除了節日、假日，飯店還可以推出一些適合消費者的夜晚活動：比如夏天可以辦消夏晚會，可以專門為某個年齡層的人群辦個活動，或者某種職業的人群辦活動，如退伍兵晚餐會。

另外，飯店要自己有活動，如週年慶活動、特殊日活動、特殊事件活動等。

2、**文化與活動連結，提高飯店品味，增進消費者感情。**

一些文藝表演、廚藝競賽、酒類展銷，免費音樂會，也很適合餐飲業。有家飯店與當地慈善機構合作，邀請國外話劇俱樂部演出，費用由贊助商支持，獲得了良好效果。

3、**優惠折扣類促銷，可以靈活多樣。**

很多飯店幾乎每天都辦優惠，不過形式多種多樣，連消費者也察覺不到。比如消費者點菜時，你可以遞上一個插滿竹籤的杯子，讓他隨意抽取一根，竹籤上面寫著各種免費食品的名字。比如免費飲料、甜點，讓顧客享受免費時，獲得一種欣喜感。

怎樣吸引新顧客呢？美國餐廳常用的辦法是如果你是位老顧客，帶來四位顧客，那麼你可以免費用餐。

當然，發放禮券也是常見的，美國餐廳的禮券一般為25美元，因為西餐消費水準一般在25美元之下。

根據季節辦特價，或者每週推出一、兩道特色菜，也會刺激消費。

折扣，還可以遞增，比如第一次優惠10%，第二次優惠20%，直到優惠50～60%。

4、**請消費者參與飯店管理。**

比如讓他們帶來自認為最好的菜單，從中選擇，入選者可以邀請朋友免費品嚐。可以辦新菜單開發活動週，讓消費者免費品嚐各種新菜餚。

西方人非常喜歡賓果遊戲，幸運者會獲得意外獎勵。在中餐廳，也可以辦一些遊戲，轉盤、猜燈謎，優勝者獲得免費餐券。

5、發揮到宣傳作用的促銷。

餐廳可與電台、報紙合作，推出一些活動，比如重要人物用餐時，可以大肆宣傳，提高知名度。上海綠波酒廊曾經招待過美國前總統科林頓，他們把科林頓用過餐的桌子單獨陳列，每每顧客光臨，都可以知道這家餐廳曾經招待過科林頓。

為了宣傳餐廳，還要與網路配合，比如設立E-mail，接受網路訂餐。

為了方便顧客，有些餐廳還推出外賣活動，設立專為開車人士所用的窗口。這樣提前打通電話，預訂飯菜，到時不用下車，在窗口交易即可。

在宣傳餐廳時，抓住會議、集體用餐機會。如政府舉行某種宴會，承辦時可能價格不高，不過參與者都是重要人士，服務品質到位了，會挖掘一大批潛在客戶。

6、在各種促銷中，從餐廳帶回去的東西更容易加深人們的印象。

用餐後免費贈送的甜點，讓男人帶回去給太太、孩子們，這個包裝精美的禮物會給家人很多驚喜。

為孩子們準備的小玩具，獨特而新奇，是其他地方無法買到的，會吸引孩子們。肯德基是這方面的鼻祖，那些標著KFC的小玩具勾起孩子們無限興趣。

贏的秘密

餐後服務，可能會被餐飲業主忽視。客人已經吃完飯、付完錢了，還理他幹嘛？其實不然，客人吃飯後，贈送給他們優惠券、贈品之外，還有很多可以拉近關係的服務，比如為他們免費洗洗車，這件事雖然小，卻可以減少客人很多麻煩，增進他對飯店的好感。

汽車業：多種一棵樹

青木勤先生是橫濱本田汽車公司老闆，一天，他如往常一樣開車上班。在路上，他看到公路上螞蟻般爬行的汽車一輛接著一輛，不由得再次想起汽車發展與環境污染的關係。汽車排放污染氣體，已經嚴重影響了環境衛生，看看那些枯萎的樹木、花草，真是令人心驚膽顫。也是這些原因，最近公司的銷售情況一直萎靡不振，而且遭受到來自社會和公眾的很多責難。難道就這樣停止發展嗎？他陷入矛盾之中。

終於快要到公司了，青木勤先生手握方向盤準備轉彎，忽然看到眼前一株新種的小樹苗，枝葉綠油油的，在繁華的大道上格外顯眼。這一瞥之下，青木勤先生靈感忽至，他想：「既然汽車會污染環境，那麼我何不一邊賣汽車一邊種樹呢？這樣既能夠美化環境、減輕污染，還可以促銷產品。」這一想法讓他激動不已，他急忙召集有關人員，制訂了一套新的銷售方案：每賣出去一輛汽車，就在街上種一棵紀念樹。

植樹方案推行後，公司從每輛汽車的利潤中扣除一部分，用做植樹費用。這一活動果然大受歡迎，消費者們選擇汽車時，立刻想到：同樣都是汽車，不如買一輛「綠化」汽車，這樣可以減輕對環境污染，也算是對環保的一點貢獻。結果，本田公司的銷售迅速增長，青木勤先生也成為汽車業名人。

市場趨於飽和，產品遭到排擠時，什麼辦法可以拯救企業？青木勤先生的做法是：從產生問題的角度重新定位產品，讓產品銷售變成解決問題的辦法。不是嗎？既然汽車會污染環境，那麼我就透過汽車銷售來減少污染，輕而易舉地解決了各種非議。

點到為智

汽車業競爭激烈，各種促銷方式也是層出不窮，車展、團購、節日和假日活動、降價、優惠、針對不同人群的車型設計，這些辦法早已老生常談。比如選擇節日和假日推出新車，可以結合現場活動，辦一些買車送禮、前十名折扣等促銷手法。

然而，小恩小惠似乎已不再吸引消費者目光，在各種促銷背後，聽到的是消費者熟視無睹的抱怨。那麼汽車促銷該怎麼辦呢？從顧客需求出發，永遠是正確的選擇，如果能夠營造一種信任、快樂的消費氛圍，而不是倉促地交易，更不是譁眾取寵，損害他人利益，會為你帶來很多意想不到的收穫。

1、促銷方式選擇上要慎重，不能太簡單，也不能太繁瑣。

可以針對季節，也可以針對不同消費族群，還可以針對不同車型進行促銷活動。不同消費族群有不同需求，比如老年人與年輕人需求不同，春季與冬季活動不同。有了針對性，才可以進行準確的市場調查研究，分析市場動態，確定促銷產品。

車型一般分為高、中、低檔三類，高檔車利潤空間較大，可以適當放寬優惠條件。低檔車利潤較低，最好不要在價格上優惠，可以選擇贈送禮品、售後維修保養方面多下工夫。

2、汽車促銷要突出創新，把握好促銷力度。

促銷要想保持新鮮度，刺激消費者，就不能始終採取一個促銷方案，而要經常變化，勾起消費者的好奇心。比如會員折扣、買一送一等活動太俗套了，可以進行暗地包裝，明降暗升，或者採取出其不意的行動。有家車商打出「摩托車換汽車」的招牌促銷，一下子吸引人們目光，前來諮詢者非常多。

3、汽車促銷中如果降價，必須有充分理由，而且善於選擇時機，最好避免與競爭對手同時進行促銷。因為大家都在促銷時，整個市場會非常混亂，很容易捲入促銷大戰中，造成不必要的利益損失。

可是很多時候都是銷售旺季，如節日、假日是車商促銷的好時機，誰也不想錯過這個階段。怎麼辦呢？首先，進行汽車促銷，需要經過一定的活動設計。形式上推陳出新，追求精緻，活動要有針對性，經過縝密分析折扣空間、幅度、時間、範圍等等，做出明確促銷決定。其次，促銷活動開始後，需要全體人員協作，從責任到位，到預算控制，讓活動有條不紊地進行。最後，活動後需要進行總結、分析，以利以後的銷售工作。

現實生活中，汽車促銷往往喜歡與其他行業聯合，這叫做聯合行銷。有家車商曾經與銀行聯合，具體辦法是雙方共同推出價值5000元的聯名卡，凡是購買車商汽車的用戶，可利用聯名卡享受優惠，也能享受銀行的其他業務優惠。本來這一辦法很受消費者歡迎，可是車商經過計算，覺得優惠太多了，自己的利潤空間太小，於是暗地裡提高了價格。這還不說，雙方的配合默契不夠，銀行在服務方面也不夠到位，最終這項活動不了了之。

雙方聯合促銷，是實現優勢互補、共享利潤的好辦法。但是也要承擔相對的風險，要求雙方必須誠信平等、互惠互利。汽車商如果要與他人合作，需要選擇產品或者服務相容的企業，雙方不能互相抵觸，或者降低品牌形象。比如與汽車美容商合作，與保險機構合作，就是不錯的選擇。

合作雙方的目標市場要接近，比如相同的目標顧客群體，可以從消費習慣、文化層次、經濟收入等方面進行區分，保持一致性，會為整合資源，創造最大化行銷服務。

在具體合作活動操作中，車商可以與政府部門、社會團體、媒體辦聯合，如聯合媒體推出全國風雲人物，這種模式屬於水準型合作。車商還可以贊助形式辦促銷，如贊助運動會，被指定專業產品。車商還可與同行業之間聯合促銷，比如各個汽車公司聯合辦創意大賽，或者購買某品牌重型車可以享受購買其他品牌轎車優惠權。

聯合促銷要求雙方緊密協助，因此長時間維持比較困難。這一特點也決定了捆綁式促銷不宜多採用，特別是處於成長中的企業，因為有太多的變化因素，如果一味想透過捆綁增加銷量，最終可能會讓自己翻船。

贏的秘密

不管怎麼說，汽車造成的污染已經非常嚴重，僅靠種幾棵樹是無法彌補的。這就提醒汽車業人士們，簡單地種樹不可靠，還是要從根本上解決問題。怎麼辦？當然是推出各種無污染車，比如電力車、太陽能車，相信這類車最終會取代汽車，實際上很多大公司都在研究這些新型車，這也為汽車業競爭促銷，展開另一次大較量。

服裝業：賣的是布料

中國潮州有家服裝廠，規模不大，幾年來經營乏善可陳，在競爭越發激烈的服裝界可謂苟延殘喘。老闆費了很多心思，可是始終沒有什麼突出業績。2003年，一直與服裝廠保持業務關係的紡織廠準備低於市場價推銷給他500萬元布料。老闆聽說後，一開始直搖頭，覺得自己無力消化這麼多布料。

可是，老闆經過思索，最終決定接受這批布料。眼看著夏季進入尾聲了，老闆忽然下達一項命令，讓設計人員盡快設計秋季服裝款式，並且迅速推出樣品。趕在季節前設計服裝款式，是服裝界慣用的手法。因為服裝從設計到出廠，需要一段時間，必須在這段時間內做出樣品，並且鋪貨到各個銷售環節。

設計人員在忙碌地設計時，老闆又對銷售部下了命令，服裝出廠後，以最快速度鋪貨到各地，並且以布料市場價格銷售成衣。

鋪貨是正常的，為什麼要以布料價格銷售成衣呢？這讓銷售人員丈二和尚摸不著頭緒，這樣傾銷還不讓工廠賠本？製作費用、員工薪資從哪裡出？可是老闆態度堅決，不容置疑。

結果，這批服裝上市後，以絕對低價優勢迅速佔領市場，短短時間內銷售出500萬元的服裝。當人們看到布料蕩然無存、貨款不斷回收時，有些聰明的員工忽然明白老闆的意圖：「上帝，老闆原來是為了賣布料啊！」

經過這次突擊行動，服裝廠銷售出去500萬元布料，淨賺100萬元。而所有成本，不過是加工費用和員工薪資。這次銷售後，服裝廠的市場擴大，地位也得到提升。

賣布還是賣衣服？只要賺錢，都是一樣的。這是服裝廠老闆的心思所在。

在一般人眼中，服裝當然比布料貴，只賣布料的價錢，是再實惠不過的促銷舉動，當然能夠滿足消費需求。

老闆賣布料賺到了錢，還擴大了市場，這對他來說，是更大的利益所在。

點到為智

競爭進入微利階段時，面對多如牛毛的競爭對手，面對有限的購買能力，你不過是一家規模不大、經營不善的企業，如何促進銷售，是最大的難題。前面講到的服裝廠就是這種情況，它無法與品牌抗衡，缺乏足夠的資金聘請有名的設計師，也無法辦服裝表演等大型活動，總之，這個工廠的服裝只能跟在他人身後，在夾縫中求生存。所以老闆採用超低價策略，賺取布料利潤，搶奪成衣市場，實在是巧妙之舉。

贈送、打折、消費積分、限時搶購、特價促銷……多種促銷方式是服裝界的常客。如何將這些促銷方式巧妙運用，發揮應有的作用，是現代服裝界的主題。

1、促銷力度要大。

每個消費者都會遇到服裝促銷活動，卻不見得人人會被吸引。原因是人們早就習慣了各種促銷，如果你不促銷，反而更讓人好奇。在沒有絕好的促銷方案時，你要做的就是促銷力度一定大，比如打折，就要打三折以上，甚至到兩折，這樣才能吸引消費者。不然你會被淹沒在一折促銷中，根本不起作用。看看那位潮州老闆，乾脆以布料價格銷售，優惠到底，所以才佔據市場。

2、促銷要引導消費者，而不被消費者牽著鼻子走。

進行促銷要有目標顧客，這樣便於設計出有針對性的方案，可以表現出自己的風格，引導消費。比如消費對象為二十歲左右的年輕人時，活動一定要新潮、時尚，才能吸引他們，像現場模仿秀。這類服裝價格不宜太高。

引導消費者，還需要趕在季節前面、時間前面促銷。服裝有淡、旺季之分，在淡季到來之前應該事先想好如何促銷庫存服裝，激發消費需求。人們的購買習慣也有規律，比如針對工薪階層的服裝，薪水發放階段，週末銷量會增加，這時要加強促銷工作。還有受氣候、天氣影響，服裝銷售也有可趁之機，比如遇到雨天，準備好雨傘、防滑墊，會方便顧客進店消費。

3、在促銷過程中，可以採取全方位活動，讓顧客整體接收自己的服裝。

有家女裝服裝店，服裝時尚，突出女人味。他們採取了一種促銷手法，在賣場內設立形象設計服務，包括妝容、流行趨勢等都為女士們整體指導。這種延伸服務受到女士們歡迎，誰都希望自己穿上新服裝後形象更佳，也就容易接受這類活動。

4、服裝促銷有長期和短期之分。

一個活動持續一個月時間以上，稱為長期促銷；暫時性或者一週內的活動，為短期促銷。促銷時間根據目的而定，如果希望塑造品牌形象，增進顧客凝聚力，一般時間較長；以業績為主，希望在一定時間內完成某種銷量，達到某種目的時，多採取短期促銷。在實際經營中，店家多以兩種方式結合，以保證銷量，並穩固店面或者品牌形象。

5、新產品搭贈舊產品進行聯合促銷。

服裝特別強調時效性，一款服裝今年非常流行，過了一年就是舊產品了，可能會乏人問津。因此即時處理舊貨是促銷的重要之事，降價往往不是好辦法，不如贈送，買新產品搭贈舊產品這種聯合促銷，可能會更容易讓消費者掏錢。

贏的秘密

服裝人人需要，卻不會天天購買，這就形成了潛在需求。服裝促銷說白了就是傳遞資訊的過程，如果可以傳達給每位潛在需求者，勢必有更多消費者光顧自己的店鋪。

促銷資訊會幫助顧客做出決定，然後進一步選擇購買時間和地點。如果選擇一般服裝，他們會考慮方便性，是否便宜；如果購買高檔服裝，他們一般會選擇比較固定的店鋪，考慮品質是否可靠。

促銷資訊還有一個作用，那就是售後評價。有些顧客買了衣服後，會懷疑自己的決定是否正確，需要他人給予認可，這時促銷會打消他們的顧慮，為進一步銷售打基礎。這種促銷應該多與社會交流資訊，加深大眾影響，提高店鋪知名度。

保險業：搶來的「虧本」買賣

陳寶榮是保險公司部門經理，負責車險業務。有一次，他為私家車主黃女士辦理車險時，為她推薦了一個捆綁式套餐，包括「車損險」、「第三者險」、「不計免賠」、「竊盜險」，四個險種加在一起總計每年繳費4200元。黃女士聽了這個套餐，很疑惑：「以前聽說前三個險種加在一起就5000多元，怎麼多了一個險種反而繳錢少了呢？」

陳寶榮笑笑解釋說：「這是公司新推出的促銷活動，很划算的，所以我才推薦您。」

黃女士經過仔細比對，確認陳寶榮推薦的套餐險後，覺得雖然自己不是每個險種都需要，可是畢竟多了一個險種，反而價格優惠，便欣然購買。

陳寶榮透過這個捆綁式保險，很快完成了當月銷量。當他將一份份保單遞交給公司經理時，自己也不免心存疑慮，他對經理說：「從這一份份保單來看，公司賺不到錢的，賠付率那麼高，還可能會賠錢，真不明白為什麼要這麼做？搶來這些虧本的保險單有什麼用？」

公司經理笑瞇瞇地看著他，回答道：「你說對了，保險業競爭這麼激烈，不搶哪有市場？為什麼做這些虧本保單，不就是為了搶市場嗎？」說完，他與陳寶榮分析起保險業務來。

經過一番深入探討，陳寶榮終於明白，車險在產險中佔據重要地位，幾乎達到75%的比例，如果失去車險市場，產險業務等於失敗。所以保險公司都爭著搶車險。那麼搶來的這些虧本保單有什麼用呢？保險業務觸類旁通，如果爭取到車險業務，那麼就可以掌握這個客戶的很多資料，為開發其他險種培養潛在市場。尤其是私家車，賠付率雖然很高，保單會賠錢，但是車主還有其他產險需要投保，在做好車險的過程中，就可以與客戶培養好關係，順便辦理其他產險。要知道其他產險的回報率可是相當高，保險公司就是靠這塊利潤賺錢，進而彌補車險損失。

幾乎所有的保單都是搶來的，搶著做「不賺錢」的買賣，這是保險業一大特色。為什麼非要這麼做呢？當然是市場決定的。在這個日新月異的時代，大家都想賺錢，可是錢從哪裡來？最終的途徑是誰的客戶多，誰賺錢的可能就大。

為了拉攏客戶，保險業必須提高保單的誘惑力，一些不賺錢的險種應運而生。這些保單一方面可以吸引客戶，還可以穩定業務人員。做保險業務的人跳槽的非常多，他們的目的就是賺錢，哪家公司業務好做、薪資高，他們就願意為誰賣力。所以保險公司必須持續地推出「虧本」險種，保證業務人員收入。

點到為智

保險業務的產品比較特殊，是一份份保單。保單比起其他產品來，具有自己的特色。它無形，不是即時交易，給客戶一種機會性，是一種較為複雜的，具有避害功能的金融產品。保單一般是業務員上門服務完成，客戶來自社會的各個層面，涉及老百姓生活的各方面，諸如壽險、產險等等。

保險促銷的辦法十分廣泛，幾乎適用各種促銷方法。目前來看各家保險公司推出的保單業務，也幾乎涵蓋了所有促銷策略，比如套餐業務，購買一款主險，搭配各種附加險，在這個業務推行期間，保險分公司會進行多種宣傳，贈送禮品，邀請著名行銷師講課，刺激客戶購買慾望，吸引他們的目光。

1、促銷方式多種多樣，往往多種方式同時進行。

保險範圍很廣，觸及人們生活的各方面，也給它帶來了更多促銷機會。有些壽險公司專門在醫院產科做活動，推出分娩享受優惠的政策，以吸引產婦們為自己的新生兒辦理保險。有些車險公司，為了促銷乾脆與汽車商聯合，提供汽車銷售、服務、保險全方位服務。

2、促銷中要注意方式。

保險促銷各式各樣，卻不見得效果良好。特別是在保險日益氾濫的今天，越來越多客戶開始厭倦這些促銷，尤其是不願被銷售人員死纏爛打，無奈之下買單。那麼面對保險促銷出現的疲憊狀態，該注意哪些方面呢？

在促銷中對於產品特色一定要解釋清楚，不能欺騙，不能設套。保險產品很有特色，對於一般老百姓來說，可能一時之間沒辦法全面理解。畢竟不是一個有形產品，可以一眼看透品質、形狀等，而且還需要一定期限才能兌現。這時保險促銷的一個任務就是向客戶宣傳自己的產品，讓他們認識產品，接納產品。

促銷中肯定會宣傳產品的優點，但也不能無視或者故意隱藏客戶提出的問題，有些問題必須解釋清楚，讓客戶自己去判斷。這樣會更加提醒客戶的責任感，讓他們最終做出購買決定。

在宣傳產品時，有些細節必須向顧客解釋，不能黑白顛倒，或者故意隱藏。有家保險公司遇到這樣一件理賠事件。一輛汽車修復花了7000元零件費，1900元修理費。這輛汽車應該由保險公司承擔費用，可是它認為車主沒到指定修車廠處理，因此最終只賠付5000元零件費、700元修理費。車主很惱火，因為自己的汽車零件是專門供應的，指定維修廠沒有這類配件。就是說，他要按照保險公司要求去修理，會有損車子的品質。為此他認為保險公司是欺騙行為，損害到自己的利益。

3、人人都很注意售後服務，卻最難做到讓客戶滿意。

很多保險人員工作都很拼命，可以在一個社區展開地毯式促銷，讓每位消費者都能知道自己的產品。這會為他們帶來一定銷量，可是銷售過後呢？為了增進業績，有些銷售員一開始還能跟進，持續為客戶服務或者保持聯繫。然而時間一長，客戶沒有繼續購買保單的意願時，銷售員會感到失望，也就慢慢不再聯繫，進而讓這位客戶淡出自己的業務範圍。當這位客戶有了保險方面的困惑，或者對保單有了疑慮時，就感到很失落，沒有了銷售員的熱情，上當感油然而生。

之所以還有出現這種情況，是因為保險界跳槽頻繁，今天為這家公司服務，明天可能跑到另一家公司，那麼在前家公司銷售出去的保單，只能由其他銷售員繼續服務。這時，如果公司沒有有力地服務保障，客戶也會十分失落。

所以保單促銷，售後服務是很重要的，不一定天天與客戶聯繫，可以定時或者節日、假日送些贈品，附帶送上公司近期的產品計畫，不要讓客戶忘記自己。

贏的秘密

真正的有錢人不用保險，錢多的花不完，還要保險做什麼？而窮人想透過保險增加生活保障，可是又沒有足夠的錢買保單。這恐怕就是保險業最大的難題。為此無數保險人盯上了所謂的「三高人群」：收入高、學識高、職位高，認為他們是最好的潛在客戶。這也需要注意，三高人群也不是真正的有錢人，他們不過比窮人多了份固定收入，卻不是什麼富豪級人物。要從他們荷包裡掏錢的保險人太多了，也就造成難以描述的殘酷競爭。

旅遊業：聯合促銷

前不久，上海旅遊集散中心網站推出了杭州旅遊消費券活動。這一活動共有2000套消費券，沒想到消費券很受歡迎，短短時間內網友們搶購一空。這讓主辦單位很感意外，在經濟危機下，旅遊業情況不怎麼看好，促銷活動如此成功，的確罕見。於是他們加大消費券數額，先後推出了十幾萬套。

消費券究竟靠什麼吸引了顧客呢？原來這是典型的1＋7模式，旅遊地點包括杭州市，還有附近七個縣市，分別為蕭山、餘杭、桐廬、淳安、建德、富陽、臨安。在這些旅遊地點中，杭州市本級旅遊券單張為十元人民幣，其餘的七個地點也是每張十元，不過五張為一組，並不單賣。遊客憑藉這些消費券，可以在指定地區的景點、飯店、茶樓等場所消費，消費達到四十元人民幣時，抵用十元消費券。消費金額以此類推，並無上限。

這個促銷計畫除了在上海推行外，還在南京、寧波、合肥等地銷售，共計銷售金額達到1.5億元。這麼大規模旅遊促銷獲得成功，真是出人意料，為此主辦單位還大力開發杭州附近旅遊景區，推出了低價優質旅遊產品，以方便顧客使用消費券。

消費券是變相降價的形式，相信每個顧客都能一眼看穿，而且消費場地受限制，必須到固定地點消費，容易讓消費者遲疑，擔心被宰。實際情況是，消費者沒有被上述原因嚇住，而是搶購如潮，為什麼會是這樣？原來主辦單位早就將這次活動透過媒體進行大肆宣傳，獲得媒體支持，也就提高了信譽度。

另外，活動推出的價格優惠到底，每張券十元錢，八個地區加在一起，不過八十元錢，即便受騙，數額也不大，因此消費者樂意掏錢。

點到為智

隨著旅遊的興起，旅遊促銷也是越來越多，降價、優惠、團購，各種措施並舉，加上與其他行業聯合，成為旅遊促銷的常見模式。旅遊業是與各種行業息息相關的，比如餐飲業、汽車業、保險業、通訊業，只要踏上旅遊的路程，各方面都會被牽動。進行旅遊促銷，就要從全方位考慮，制訂出適合自己的措施。

1、旅遊促銷，定位要準確，時間選擇要明確。

每次促銷必須有鮮明的主題，傳達品牌形象，讓消費者準確地了解品牌。旅遊時間性強，節日、假日促銷是一大特色，要對消費者狀況，如收入情況、生活態度、喜好等有確切的定位，這樣才可能做出合適的促銷方案來。

有了方案，並不一定實行的好，需要事先做出周全的安排，有一個良好的團隊。旅遊促銷不怎麼集中，會擴散到各個環節中，這就要求團隊中的每個人都要提高意識，積極主動地配合促銷。

而且促銷時間一定要掌握好，節日、假日是旅遊旺季，不要等到開始放假了才想來促銷。最好的時機是比競爭對手提前3～5天。怎樣知道對手的促銷時間呢？有個訣竅是諮詢當地旅遊主管部門，大型促銷活動都要進行備案，如果你也想辦促銷，可以巧妙地問問：「某某日子我可以辦促銷嗎？那幾天不會有其他促銷活動吧？」

跟在他人後面辦促銷是很被動的，效果也不好，與他人時間一致，也會降低效果。

2、旅遊離不開媒體宣傳，與媒體聯合是旅遊的必備手段。

新聞是最好的廣告，旅遊如果搭上媒體這趟快車，會迅速地提高知名度。特別是旅遊高峰期，不管爬山還是玩水，都帶著一定風險性，這時不用旅遊公司出面，媒體自動就會做出相關報導。因此聰明的旅遊商家必須與媒體維持好關係，讓媒體可多進行正面報導。

3、要合理控制促銷成本。

很多人說，旅遊是一本萬利的生意，景點不會變，開發出來以後，只管等著收錢就行了。話是這麼說，生意做起來卻不是這麼容易。促銷會花很大成本，有些景點為了宣傳，大量投入資金辦活動，或者與對手打價格戰，結果弄得非常狼狽，而銷售情況很一般。因此控制成本，也是旅遊促銷的內容之一，尤其是經濟蕭條時，還要記住一句話：少花等於多賺。

4、旅遊促銷，尤其要注重創新。

千篇一律的活動本來沒什麼吸引力，更不會勾起人們玩樂的興趣。旅遊是高雅的玩樂，從促銷開始就給人極大的情趣，會增加促銷成果。增加情趣的辦法是不斷創新，給人刺激，記住一點，再好的食物吃多了也會膩。有家旅遊公司曾經營造出模擬爬山場景，讓參與者競賽，獲獎者可以獲得免費旅遊的資格。這個活動本身就很有趣，吸引了大量人群。

5、不管你的促銷結果如何，做出總結還是必要的。

哪怕是絕對失敗的促銷，經過總結你也會得到教訓。當然，總結分析最大的好處在於可以給以後的行銷一些借鏡，盡量避免風險，提高成功率。

贏的秘密

留住遠方的客人，是旅遊業長遠發展的表現。旅行社之間合作，在主流媒體推出旅遊線路、產品廣告，可以實現這一目的。韓國旅遊單位這一點做得很成功，他們與其他國家的旅行社直接聯繫，撥給他們促銷經費，並派出專門人員去促銷。這可以讓他國的民眾直接聯繫到韓國旅遊公司，出遊更方便安全。

第十一章

增加品牌附加價值

鑿壁借光培養大市場

十幾年前，康大資訊公司在美國俄亥俄州成立，主要從事電腦生產業務。可是由於公司起步晚、規模小，一開始業務量不大。慶幸的是，公司決策人十分睿智，當他想到自己僅有八名工程師，要靠這些人讓公司快速增長，在市場上站穩腳跟，就必須在行銷方面下工夫。

這時恰好美國有家公司需要一批大型電腦，康大公司聞訊後，決定以低價格爭取到這批訂單。與康大競爭的公司是著名的IBM，他們生產這種型號的電腦技術熟練，領先市場。不過由於訂單數額不大，加上IBM業務很多，根本不想降低價格與康大競爭。於是康大最終得到這次機會。

康大公司非常珍惜這次機會，他們大力生產，推出了與IBM同類電腦產品。完成訂單後，他們繼續生產此類型電腦，推向市場。因為IBM走在他們前面，為普及推行此類型電腦打下了基礎，所以當康大公司的電腦推向市場後，節省下一大筆推銷、培訓用戶的費用。康大公司將節省下的資金用到新產品開發和促銷中，從此他們業務量大增，迅速成長，幾年後就成為電腦業有名的公司。

前人鋪路，後人得利，這是人生的哲理，也是商界常常遇到的事情。當然，康大並沒有完全沿著IBM道路前進，他們更巧妙地運用了鑿壁借光的理論。看似微不足道的一絲光線，在主人那裡也許沒什麼用處，可是借光者靠這一絲光線，卻可以完成很多事情：讀書、做家事還可以做生意。

小企業要想做大市場，借鏡成功者的光線，是簡捷又有效的辦法。

點到為智

眾多企業在起步之初，為了讓消費者盡快接受自己的產品，企業主常常利用人們崇尚名牌的心理，或者乾脆與大企業聯合，引進他們的生產線，或者花大錢擠進品牌促銷行列，進而達到借光的目的，促進本身的銷售和增長。

在實際商業案例中，企業既可以借品牌企業的光，還可以藉助政治、名人、文化、組織、專業特長等等方面的光，以多種方式完成企業的昇華。日本松下電器集團曾經藉皇太子大婚之際，普及自己的電視機產品；摩托羅拉進軍中國，首先拉近與中央領導人、政府的關係，進而提高品牌地位。這些成功案例說明了借光策略的重要性。

1、可以藉助權威組織的力量，打造自己的品牌形象。

這是常見的借光策略，比如很多保健品宣稱自己是某某營養學會推薦。人們相信權威機構，也就認可他們推薦的產品。高露潔是這方面的成功者，他們在大陸先後與中國預防醫學會、全國牙防組織、口腔學會等聯合推出各種活動，為產品滲透做足了工夫。

2、藉助組織的力量，或者某項科學實驗進行宣傳。

科學實驗也是人們比較信奉的東西，如果能夠以實驗的形式將產品展示給人們，可以讓消費者買的更放心。2003年，有家水產品公司生產的純淨水遭到質疑，生存受到威脅，這時他們反戈一擊，推出一項實驗證明：純淨水確實不宜長期飲用，但是很多礦泉水品質也存在問題，不能做為長期飲用水。這項實驗讓人們提心吊膽，到底喝什麼水好呢？這時，水公司即時地推出了「天然水」，聲明這是與天然環境中的水一樣的，既安全又營養，以此打動消費者。

3、藉助名人的社會影響力。

名人對社會的影響十分深遠，他們可以帶動一大批消費者。比如化妝品請名人做廣告，就是利用名人效應。美國前總統雷根訪華時，在中國長城飯店居住。這家飯店抓住這個機會，成功地利用雷根在世界的影響力，宣揚自己飯店的形象，提升了地位。

4、埋下伏筆，進一步藉助有用的資源。

很多時候，等到品牌強大了，你想藉助的時候可能為時已晚，人家不會輕易給你肩膀去靠。為了早一步藉助到品牌的勢力，就要提前行動，在他強大之前做好鋪墊。洛克菲勒將自己的地產送給聯合國辦公，這在人們看來除了討好之外，好像無利可圖。實則不然，洛克菲勒看準了聯合國日後在國際政治上的重要地位，因此在送出這塊小地產後，就把周圍的地產進一步開發，結果這些地方大幅升值，為他帶來數不盡的財富和利潤。

5、向大企業靠近，但是不要違反法律，才是明智之舉。

借光不犯法，有家小飯店開業後，在小飯店邊旁開了家大飯店。大飯店營業規模達到2000多坪，生意十分興隆。小飯店老闆看到自己不足200坪的店鋪，相較之下，不但門面不起眼，生意也越來越慘澹。

幾個月下來，儘管小飯店老闆想了很多辦法，可是營業效果持續不見好轉。就在他心灰意冷之時，有位朋友為他出了個主意：模仿大飯店裝修、服務，讓小飯店看起來與大飯店是一體的。老闆一聽，頓覺是個好主意，因此更換裝修，從裡到外與大飯店一致，什麼桌椅、杯子、碗筷，菜餚系列，讓顧客一眼就看出，這是大飯店的經營風範。更為巧妙的是，它將自己的店鋪招牌放到不起眼的角落，讓很多顧客看不到。這樣在有些人打算進大飯店消費時，誤打誤撞地進入他的飯店。

小飯店的生意很快好轉起來，甚至有超過大飯店的趨勢，這可急壞了大飯店老闆，他想了很多辦法去制止，可是對方不予理睬。無奈大老闆去諮詢律師，希望找出對方侵權的證據。律師仔細分析後說：「你們兩家的名稱、商標都不一樣，你又沒申請裝修專利，再說店內碗筷、杯碟也構不成侵權。」

最後，大飯店老闆沒有辦法，只有親自登門與小飯店老闆商談，準備購買下他的小店一起經營。小飯店老闆抓住機會，要了一筆合適的費用，正式加入大飯店經營行列。

大市場在哪裡？這是小企業最大的困惑。它們希望透過借光宣傳自己的產品，提升自己的地位。借光活動很多，有些火鍋店利用火鍋節期間推出自己的產品；有些旅遊公司利用奧運會突出自己的旅遊景點，都會以較低成本達到較高的目標。

我們從借光培養市場受到啟發，小企業還可以透過借光融資，擴大生產。融資是小企業的難題，如果能夠藉助政府的力量，或者是某些活動，照樣可以得到銀行、金融機構的青睞。

一塊錢買到比一塊錢更多的東西

本田公司原是日本最大摩托車生產企業，銷量擁有日本市場65%的佔有率，後來一度改變經營方向，改生產汽車。這時山葉公司趁虛而入，奪走了本田的很多顧客。1982年山葉公司摩托車銷量高達市場佔有率的37%，僅比本田少一個百分點。面對如此激烈競爭，本田公司斷然採取了以攻為守戰略，連續推出81種摩托車新產品，將最暢銷的摩托車降價30%，與山葉公司相同的摩托車，以低於對方10%價格出售。

這種行為是滯銷時最常見的策略，可以刺激銷量，防守陣地。與此相似的策略還有一種，那就是「增貨」。當商品滯銷時，單品價格不降，可以「多付一元買到更多東西」。九〇年代末，大陸家電業面臨很大挑戰，很多產品紛紛降價。一家家電公司在與對手競爭時，沒有直接降價，而是推出了增貨辦法。顧客購買一台電視機，只要再加一元，就可以拿走一台VCD。這個辦法獨特新穎，而且商家極力宣稱：「廠商的產品品質優良，為了答謝新老客戶，特地推出這一活動。」活動很快吸引了大批顧客，在他們看來，一塊錢就可以多買一台VCD，實在太划算了。

本田公司以攻為守，採取降價策略直接打擊對手，這種辦法當然有效，而且見效極快。加上本田公司的基礎非常深厚，本來就是行業老大，雖然發展出現偏差，但並非出現了致命性錯誤。在這種情況下，本田公司有資格，也有能力與對手正面較量，奪回原有陣地。

然而對於一般公司，尤其是中小公司就難說了。實際上我們從山葉公司的身上就可以看出，山葉底蘊不足還無力對抗本田的反擊。

與山葉不同的是，採取增貨辦法的家電公司，就非常巧妙地在競爭中取得了主動權。家電公司沒有直接降價，而是採取加一元送一台VCD的辦法，這讓消費者願意接受。因為從心理上來說，人們一般認為降價產品或者是過時的、或者是存在品質問題的、或者是不適用的，總之應該有某種缺陷的產品才會降價，無法滿足人們的虛榮心。增貨給人的感覺就不同了，產品依舊，不過多付錢就可以領到優惠新產品，顯然是商家的優惠政策，這讓人買的放心、安心。

點到為智

降價和增貨，說白了是一回事，可是消費者的感受卻完全不一樣，對產品的影響和發展也會帶來不同的結果。我們在前面說過，降價會降低產品在人們心目中的形象，很難再次提升，這是最頭痛的癥結所在。於是很多商家想到了增貨這個辦法，以圖拉攏消費者，保住自己的市場，同時還能維持產品和公司形象，不至於一降再降，最後無利可賺。

1、增貨是一種附加交易行為。

所謂附加交易，是指消費者購買一定產品後才可以享受到的優惠政策，比如常見的買一送一，第二次購買價格打折等，就是典型的附加交易。只有先買某款產品，才可以得到贈品，或者享受打折。

多付一元可以得到其他商品，也是有條件的，那就是必須先購買指定商品，然後付一元，才可以享受優惠產品。不要小看一塊錢，以為它沒什麼作用。恰恰相反，一塊錢表明了商家的立場：商品不是白送的，是對顧客的優惠，也是對顧客的尊重。我可以一塊錢賣給你，但是絕對不免費，因為買賣是雙方的事情。

一塊錢不會給顧客負擔，卻讓顧客得到商品時心安理得，這就是其中的奧妙。有家飯店推出一塊錢一盤豆腐，條件很簡單，只要進店用餐就可以享受這個優惠。客人們懷著半信半疑的態度走進去，當然不會只吃一盤豆腐，在享用了幾十乃至幾百元食物後，一算帳，豆腐果然一塊錢一盤。顧客雖然知道商家的花招，是用一塊錢豆腐吸引他們，但依然很開心，也覺得很便宜，有種下次再來的打算。

2、商家應該首先考慮自己的承受能力，不能盲目增貨。

一塊錢就可以得到比較實用的商品，這是吸引顧客的賣點，幾乎等於白送。所以這種辦法本質是降價，卻給人免費贈送的印象，但與上述兩種又有著不同。降價和贈送非常直接，非常明顯，對商家來說，算一算是虧本還是賺錢，也比較簡單。而增貨辦法就比較複雜，特別是換算利潤時，需要結合兩種商品同時進行。比如買一台電視機多付一塊錢，就可以買到一台VCD，等於電視機的價格加一塊錢，買到了兩種商品。到底是賺還是賠？需要商家仔細核算。並且從長遠利益上加以考慮，如果單純為了與對手競爭，盲目採取這種策略，恐怕是很危險的舉動。

因此選擇一塊錢搭賣的商品時，商家必須多費心思，這項商品既要滿足顧客心理需求，又要保障商家的利潤，它不同於贈品，贈品可以是一串鑰匙圈，可以是幾張貼畫，也可以是實用的日用品等等。搭賣的商品就不同了，最好與主賣商品配套，價格上也要表現一定份量，比如電視機搭賣VCD，服裝搭賣鞋子等。如果搭賣品與主賣品相差太遠，比如汽車搭賣一把雨傘，顧客立刻會說：「還不如不要！」

3、**增貨應該是一種短期行為，是輔助性方法。**

增貨不是長期促銷辦法，最好在商品滯銷或者處理庫存時採用，可以積極帶動消費。而且短期偶爾的行為，會具有新鮮感，能夠刺激消費者購買慾望。

增貨是保持品牌價格和形象的最佳辦法，試想一下，如果某家品牌長期採取加一元搭賣商品行為，顧客會不以為然，一旦習慣了也就不會認可商品的原有價格。

在實際行銷當中，搭賣商品常常出現在其他促銷方法中。諸如展示促銷時，選擇在人潮流量大的地段，或者廣場上展示產品，銷售員採取有獎問答、遊戲、演出等方式吸引顧客。這時如果推出搭賣活動，會更加激發消費熱情。

還有以舊換新促銷時，商家按照一定金額回收舊品，可以根據舊品使用年限，決定折扣率，然後加一元，就可以得到新產品，這種活動特別適合家電業。有家公司辦了一個「一起走過的日子」活動，十年以上的消費者可以憑藉發票和舊品，享受新產品七折加一元的優惠。具體為：如果你的舊產品在十年以上，那麼採購新產品時，可以享受七折，比如現在抽油煙機每台為5000元，你只要付3500＋1=3501塊錢，就可以拿到新產品了。這個活動促進了銷量，還得到消費者一致好評，他們認為公司多年來牽掛著消費者，可見信譽、品牌、產品都是值得信賴的。

贏的秘密

增貨是變相降價，卻可以保持品牌價格和形象，是一種比較微妙的促銷方式，操作時除了考慮本身利益外，商家一定要時刻謹記「誠信」二字，兌現自己的諾言。不然一旦觸怒消費者，會前功盡棄，挫傷競爭力，也讓品牌形象大打折扣。

展示＋體驗：提高品牌附加價值

一家粥店開業後，生意並不好。雖然粥店環境適宜，食物美價廉，可是這樣的小店太多了，要想吸引顧客實在很難。為此老闆整天愁眉不展，憂心忡忡，考慮著哪天就要關門停業。

眼看著中秋節快到了，這天老闆外出採購月餅。在超市內，他被一款「天價月餅」吸引了。這款包裝精緻的月餅竟然每公斤高達好幾百元，超出一般月餅幾十倍！到底什麼月餅值這麼多錢？好奇者不只老闆一人，圍過來的消費者很多，紛紛駐足觀看。

看到這個場面，老闆忽然靈機一動，他想：「天價月餅吸引了這麼多人，即便不買，也會瞭解這家食品公司，還可能購買其他便宜的月餅。要是我的粥店也推出天價粥，會不會同樣引起轟動？」

帶著這一問題，老闆回到店中，開始認真琢磨起來。最後他聘請一位有名的廚師，讓他專門熬煮一款天價粥，用料極其講究，包括名貴藥材和成本很高的滋補品，標價每碗260元，並打出了廣告。天價粥上市後，立即成為小鎮上的新聞事件，就連媒體也做了報導。結果，這家粥店一舉成名，每天前來用餐者絡繹不絕。生意興隆了，可是還是有人很奇怪，難道這麼多有錢人喜歡喝天價粥？就連老闆的兒時同學也來到店內，無不驚奇地詢問：「你的粥這麼貴，用什麼做的？」

老闆笑呵呵地回答：「他們多數人跟你一樣，懷著同樣的心理來到店內。你看到了嗎？除了天價粥，我的店內還有很多價格平價、味道鮮美的粥和小吃啊！」同學偷偷地張望一眼，發現大多數顧客跟自己一樣，真正喝天價粥的並不多。這下他更奇怪了：「沒人喝你的天價粥，還搞這個名堂做什麼？不是自砸招牌嗎？聽說你聘請的廚師薪水很高啊！」

「這你就不懂了，」老闆說，「要是沒有這款天價粥，有幾個人肯來我的店內？正是這款天價粥，才讓我的生意興隆起來的。」

在他人都認為老闆靠天價賺錢時，老闆卻走了另一條路，天價粥只是個招牌，是吸引客人前來體驗高檔享受的名頭。在今天人們普遍對降價、優惠感到厭倦時，用天價刺激一下消費者和市場，會提高他們的體驗衝動，帶動企業的整體銷售。

點到為智

將銀子賣出金子的價格，恐怕是每位生意人作夢都想的事。有些企業在這方面做得非常好，當我們走進商店，看著一款款品質差不多，價格卻懸殊巨大的商品時，會被那些高價商品暗暗吸引，內心湧動著擁有的慾望。

耐吉、愛迪達比起同類運動品牌高出一半左右的價格，比起一般體育用品高出幾倍甚至幾十倍的價錢。是什麼賦予它們如此昂貴的身價？是品牌附加價值。

每件商品都不是孤立存在的，都有附加價值。附加價值是商品的光環，是商品基本功能之外包含的消費者欣賞的因素。這些因素必須依賴商品才能傳達給消費者，給消費者帶來信任感、滿足感、榮譽感等等。附加價值以商品的形式維持溢價。對消費者來說，對每件商品兜有自己的認知價值，比如同樣生產的兩台冰箱，價格可以差上2～3倍，因為不同消費者對它的定位不同。

在中國大名鼎鼎的依雲礦泉水，每瓶賣到10元人民幣，可是一般礦泉水每瓶才1、2元人民幣，其中差別是什麼？難道依雲的品質真是如此突出？其實不然，依雲礦泉水與一般礦泉水的品質差不多，但是依雲懂得培育附加價值。一直以來，依雲為消費者講述了一個又一個感人至深的故事，從法國貴族奇蹟般地康復，到阿爾卑斯山下的淨化，依雲讓人對它產生了無限美好的遐想，將自己塑造成法式生活的符號，使得全球名流顯貴無不對它情有獨鍾。在這種感召力下，全世界消費者不得不把它當作傳奇品牌，心甘情願地為它付出高價。這是一個典型的拿銀子當金子賣的例子，賣得非常成功。

增加品牌附加價值，就要學習依雲、耐吉這樣的企業，透過各種方式提升品牌形象。一般來說，品牌附加價值透過價值度、影響度、忠誠度、持久度四個方面得到實現。

首先，提高品牌附加價值就要提升品牌價值，豐富品牌內涵，這是價值度的表現。比如一件服裝，當消費者購買時想到的是堅韌耐穿、樣式不做太多要求，這款服裝的價格就不會很高，只要滿足消費者的基本需求即可。可是當提到一款服裝，人們首先想到的是時尚、潮流，可以適合某種特殊場合穿著時，服裝就多了一層需求，價格會高於第一款。所以同樣的布料做出的衣服，有的可以賣到幾千元，有的不過幾百元。怎樣讓自己的服裝賣到幾千元呢？就要增加它基本功能之外的其他功能。日常生活中不同場合用的酒絕對不同，因為有時候不僅是飲酒，更多的是要表現出主人的身分、地位，以及對客人的尊重程度。

其次，影響度大小，也會決定一個品牌的附加價值高低。當一件商品影響力越大時，附加價值越高，反之亦然。

再次，顧客忠誠度也會影響品牌附加價值，如果消費者持續不斷地喜歡認同某一產品，這個產品的附加價值就高；如果消費者只是偶爾認同某一產品，產品的附加價值就低。真正的品牌企業，一定是經過消費者長期使用產品後，對其商品體驗的整體印象。

可口可樂，在人們心目中，不單單是一種碳酸飲料，更是美國文化的象徵。這樣的產品就是一款附加價值極高的產品，不管外界颳起怎樣的「寒風」，降下怎樣的「冰雪」，相信都不會輕易降低它在消費者心中的熱度。

最後，持久度是指品牌的生命力強弱，存活時間越長，附加價值就越高；而且在品牌發展過程中，需要不斷地調整，內涵也會不斷豐富，始終吸引消費者熱情。SONY中國副總裁高靜雄先生曾經這樣說過：「對一個科技消費品來說，沒有什麼比打造一、兩款熱銷品更能給企業帶來利潤了。」目前，電視行業已是成熟行業，市場趨於飽和，競爭高度激烈，在此環境下，SONY公司遵循打造熱門產品的策略思考邏輯，始終保持強大的競爭力。最近一年來，SONY電視推出數款出色的熱門產品，在全球市場上銷售極佳，取得傲人戰績，進而登上了全球液晶電視市場冠軍的寶座。

認識了附加價值，就要從實際出發，採取措施努力把握，打造和提升自己的品牌價值。在這一過程中，軟傳播發揮著舉足輕重的地位。軟傳播著眼於品牌形象傳播的視角，從邊際內容入手挖掘品牌傳播的途徑，用隨風潛入夜，潤物細無聲的潛移默化方式深入到人們的思維和心靈中去。

要發揮軟傳播達到企業品牌形象傳播的作用，一般要遵循三個原則：

第一，要從平民視角出發，不能像硬傳播那樣居高臨下，俯視受眾，傳播什麼，怎麼傳播，完全從自身立場考慮，以自己的需要看問題，給人一種強行灌輸，難以接近之感。而應該像熟人朋友見面那樣，平等相待，親切隨和，增強交流感和認同感，雙向溝通，使受眾在不知不覺中接受並認同企業的品牌形象。

第二，從邊際、周邊開始滲透，逐漸深入，細膩地挖掘貼近民眾生活，符合民眾日常情感需求的人和事，注重親和力和感染力，潛移默化，慢慢浸潤，逐漸深入人心。

第三，內容不可千篇一律、生硬死板，要親切訴說，娓娓動聽。

贏的秘密

從軟傳播的實際應用來看，一般有以下一些傳播方式。流傳企業故事，品牌故事；創辦企業內刊；樹立企業老闆公眾形象；創作企業之歌；開設企業網站；開通企業部落格；聘請企業形象代言人；編輯出版企業書籍；舉辦企業聯誼會等等。這些方法根據企業自身實際，綜合運用，靈活運用，不可生搬硬套，畫虎不成反類犬，進而影響企業品牌形象。

第十二章
樂善好施，做最大贏家

可口可樂的環境策略

當初，可口可樂公司打算挺進中國市場時，首先想到中國是個完全陌生的市場，而且採取的國策非常特殊，如果不與中國國情相符，自己的產品再好，恐怕也不被中國政府和人們接受。經過綜合考慮，可口可樂公司沒有進行大規模行銷，而是分不同階段去做。

一開始，公司採取了委託寄售方式，委託北京著名的友誼商店和一些涉外賓館代銷。這些商店和賓館都是涉外企業，接觸外國人較多，對產品並不排斥。再說，不用進貨，沒有什麼風險，還可以把可口可樂賣給外國人，賺取外匯，何樂不為。

在代銷過程中，部分中國人開始品嚐可口可樂，並很快被這種新型飲料吸引。當時中國人把外國貨當成時髦的象徵，可口可樂也不例外。

眼看著可口可樂被中國消費者接受，公司上層非常高興，立刻進行第二步行動，向中國政府贈送價值300萬美元的生產設備。這一行動完全順應中國市場形式，受到中國政府熱烈歡迎。

可是生產線上去了，沒有原料怎麼辦？可口可樂公司的直接目的終於得到了實現，公司向中國出售可樂原料，每年需求量高達1萬多噸。

出口原料會賺錢，還不是可口可樂公司的最終目的，經過一段時間運作，時機成熟了。可口可樂公司開始與中國企業合資開設工廠，開拓需求量驚人的中國大陸市場。至此，可口可樂已經完全成功佔領中國市場。

順應環境，根據不同市場不同變化調整行銷策略，才能在瞬息萬變的環境中求得生存。

樂善好施的策略表現出可口可樂充分考慮環境因素的能力，中國大陸市場與美國市場不同，特別是早期計畫經濟時代，什麼都是政府說了算，沒有政府的支持什麼都辦不成。可是如果將一瓶可樂送給政府，讓政府做出需不需要的決定，也有些強人所難。於是公司巧妙地先在小範圍內推行，讓部分消費者做出評價，這時再提出向政府贈送生產設備，正好順應了政府需求，也就等於為自己開了綠燈，其後的一切行動都皆大順利。

點到為智

整個市場變化不以人的意志為轉移，特別是在競爭激烈的條件下，用「瞬息萬變」來形容絕對不為過。這就需要企業必須適時適地調整自己的發展策略，才有可能長久發展和繁榮。

綜觀那些著名的企業，無不是順應市場環境的高手。與可口可樂爭天下的百事可樂，在進入印度這個特殊的市場時，也是採取了樂善好施的措施。公司注意到印度落後的經濟現狀，以絕對優惠的條件與一家印度公司合作，並且答應幫助政府出口農產品，並且出口額大於飲料原料成本。這些條件自然讓印度政府和人民歡迎，同時百事可樂還毫不保留地將食品加工、包裝等技術轉讓給印度，提高他們的技術水準。這種極力維護印度利益的措施，使得百事可樂在印度站穩了腳跟。

順應環境讓兩大可樂公司成功開拓了世界上最大的兩個市場，從中讓我們領略到環境策略的可貴性。

1、物競天擇，順應環境者才能生存發展。

沒有哪家企業生存在真空裡，它們或多或少、或大或小經過環境的種種考驗。從經濟危機中最能看出這一點。

2008年爆發的金融危機，使全球貿易損失達9757億美元，這一數字包括了每家企業的損失金額，它們都得為此買單，誰也逃不了。這時如果不能順應環境，沒有過冬的良好策略，是難以度過危機的。

東芝公司是日本最大的晶片製造商，可是經濟嚴冬下，強大的生產能力不再是「搖錢樹」，反而變成了重包袱。如何減輕包袱的重量呢？東芝與NEC聯合。很明顯，NEC是為了保存實力，尋求東山再起的機會，東芝公司也想甩掉重擔，這樣的話，兩者抱團，彼此壓縮戰線，可謂抵禦嚴寒的良策。

順應環境，也包括天氣因素。日本有家啤酒廠，多年來堅持觀測天氣變化與啤酒銷量的關係，發現每當氣溫升高時，啤酒銷量就增多。比如1978年日本酷熱，這年的啤酒銷量高出10％，根據這一情況，他們繪製了啤酒氣溫曲線圖，用來指導啤酒生產情況。在啤酒市場飽和狀態下，氣溫成為決定銷量的關鍵因素，氣溫如果會升高，就大量生產啤酒；氣溫如果偏低，生產量可以適當減少。結果這家啤酒廠獲得良好效果，這一模式也得到其他企業關注，人們將它推而廣之，提出「天氣市場」的新理論。

2、選擇和創造適合個體發展的小環境，保證企業正常運行。

不管企業還是店鋪，處於什麼位置、周圍環境如何，內部文化環境怎樣，對它的影響都是很明顯的。比如餐廳，選擇店址就非常重要，幾乎決定著這家餐廳的命運和前途。

說到企業內部文化，包括員工、資金、設備、原料、市場五個方面，它們如同人體內環境一樣，只有正常運行時，身體才會健康。如何讓內環境正常，需要保持平和的心態，不斷累積優秀的文化，才能增強適應外界環境的能力。

大名鼎鼎的派克公司，以高級筆叱吒鋼筆市場，誰敢與之爭鋒。可是公司卻不注意累積自己的品牌優勢，不在品質上下工夫，反而把精力放在轉軌、進攻低價筆市場上。結果，派克的形象受損。這時一家名為克羅斯的公司趁機而動，花大把力氣進軍高級筆市場。沒多久，派克不僅沒有奪取低價筆市場，而原先的高級筆市場佔有率大幅下降，僅佔17%。內環境一旦受傷，身體立刻表現為生病；企業內部文化一旦出現差錯，就會不攻自破。

當然，累積優秀文化之外，還要不斷創新，創造出更新、更適合市場變化的文化。因為幾乎無利可圖，許多商家都不願經營針頭線腦這些日常小商品。然而美國商人霍華斯卻用自己獨特優質的服務，在日常小商品這個別人看似荒蕪的領域獲得了巨大的成功，創造了鉅額財富。他成功的秘訣很簡單，做沒有人願意做，而顧客又需要的買賣。

他首先收購一般小型雜貨店積壓滯銷的各種小商品，如手提包、襪子、襯衫、皮帶、針線、鈕釦等等，不管多少進價，統一標價五到十美分上架銷售。接著他把店鋪開設在客流量大的地帶，創造顧客方便購買的機會。同時他採用連鎖經營的方式，利用規模優勢，進一步降低成本，進而創造了一種不同尋常的行銷方式——連鎖經營，並憑藉這一全新的服務方式，使自己獲得了成功。他從1879年創立第一個小店鋪到1930年擁有全球1380家分店的國際性商業大企業，只用了五十年的時間。

贏的秘密

環境給企業帶來威脅，也帶來機會，如果擺脫那些不利因素，不斷開拓有利的新局面，自然會為企業帶來好處。因此每家企業都要學會分析環境，分析環境為你提供的政策、人口、天氣、資金、資訊、人才等諸多方面，獲取最優的資源，制訂有效的策略，追求更久遠的發展。

捐款捐出大品牌

二戰之後，日本除了經濟衰退外，人們也遭受著疾病折磨，當時肺結核傳播迅速，許多百姓身染此病，生命垂危。可是由於戰爭造成了巨大破壞，藥品生產落後，百姓們無法得到有效治療。

這時，默克公司伸出援手，無償捐贈給日本大量鏈黴素用來治療結核病。鏈黴素是結核病的剋星，很快抑制病情蔓延，讓日本人擺脫了肺結核的陰影。

默克公司從中沒有得到一分錢，但無怨無悔。多年之後，默克公司已經成為日本最大的製藥公司。回首往事，這與公司當初的捐贈是分不開的，日本人念念不忘默克公司的善舉。

此外，默克公司還捐贈了數以百計的藥品用來控制河盲症。河盲症是由一種小黑蠅叮咬引起的疾病，在非洲和拉丁美洲發病率極高，有幾十萬人因此致盲。默克公司發現了異凡曼黴素可以治療河盲症，當時正好美國前總統卡特先生建立了一個機構，發起了消滅河盲症計畫。默克公司得到這個消息後，立即與卡特先生聯繫，表示只要卡特機構可以建立藥物輸送系統，他們願意給世界上每個患河盲症的村落免費提供異凡曼黴素。

在默克公司全體同仁的努力下，無數異凡曼黴素輸送到非洲和拉丁美洲，截至2003年，已有近千萬人次得到治癒，拉丁美洲的河盲症基本根除。

所謂以心換心，默克公司慷慨解囊救助日本人，換來日本人的感激和關注，繼而用心支持默克，也就不足為奇。

我們經常聽到許多商人都喜歡說的一句話：「回報社會。」似乎自己賺錢的目的是為了報恩。難道對社會慷慨就能保持公司盈利？當然不是。經營生意，沒有什麼是可以保證的，即便你終日叫嚷著「我要回報社會，我要做善事」。可是如果你不去行動，一切都等於零。

點到為智

現在企業捐助行為已經十分常見，地震、水災、貧困兒童……總之，只要用錢的地方就有可能向企業伸手「化緣」。難道企業有義務為他們負責？或者說企業只有這樣做，才能表現出社會責任感嗎？首先企業是盈利組織，最看重的是利潤，無償捐助不會返還給他們一分錢，這不是擺明了做虧本的買賣嗎？

實際上，企業為社會做貢獻，會為自身帶來很高的評價，很容易提升社會地位。默克公司在日本的舉措，不就是典型的例子嗎？在災難發生時，不少企業會捐出金錢，目的也在於此，既想證明自己的責任心，也想獲得更多人的支持，進而謀求長遠發展。與社會共同發展，說起來簡單做起來難，畢竟企業需要利潤支撐，沒有利潤也就不復存在。所以將利潤與捐助結合起來，才是企業最終的選擇。

1、捐助時需要結合一定的媒體宣傳，突出自己的形象。

捐助分為很多情況，有的是突發災難捐助，有的是長期捐助。比如地震、海嘯，就屬於突發事件，造成大範圍內人員傷亡，經濟受損，這時企業捐助一定要即時、快速，不要拖拖拉拉、左顧右盼。這會給公眾造成不良印象，認為企業捨不得花錢。實際上，每次災難企業都要有所表示，早援助早受益，反之拖拖拉拉捐了錢也得不到好聲譽。

救助貧困兒童或者醫治某些落後地區的流行病等，屬於長期捐助，這種捐助要求企業連續性行為，要調整好捐助次數、時間、金額，做到有始有終，才能達到目的。

不管怎麼捐助，採取公關宣傳都是必要的，透過電視、網路、報紙等傳達自己的善舉，一來會增強消費者好感，二來還可以激起人們積極性，去關注弱勢群體，更能全面表現自己的形象，進而帶來捐助背後的利潤。

除了藉助外部媒體，結合自己內部的宣傳機構也很必要，例如廣告、形象設計等，都可以突出捐助行為。但是公關宣傳一定要把握適度，不能太過分強調自己的形象和本企業的利益，更不能發表一些不良言論，否則過度的宣傳反而讓人反感，覺得你是在施捨，是在做廣告，是在賣品牌，這都是很惡劣的行為。這種做法的結果是：賠了夫人又折兵，捐了錢挨了罵。

2、捐助數額一定要符合本企業的形象，太多、太少都不是理智的表現。

有些企業為了圖好名聲，為了宣傳自己，不計成本四處捐助，結果弄得入不敷出，難以生存。與之對比鮮明的是，有些企業實力雄厚，卻捨不得多掏一分錢，看到別人捐款了，自己不情願地掏出一點。在大陸汶川地震時，有家國際餐飲巨頭竟然只捐出去一萬箱食品，成為一時笑談，被網友們怒罵「不稀罕的鳥類」。企業捐助，在充分分析自身情況時，還應該預先分析災難程度，公眾心理承受度，以及同行業企業可能捐助數額，然後再做出一個較恰當決定。如果捐助的數額過低，應該快速做出追加的承諾，或者以其他方式進行捐助。

3、捐助可採取多元化方式，進而更全面地與社會互動。

很多時候，企業可以多種措施並行，比如救急時先一次救助，然後持續固定時間內給與捐助，或者提供一些便利條件，都是很好的辦法。多元化捐助，可以更好地幫助企業規劃好成本，獲得更多宣傳機會，也就有利於品牌提升。

贏的秘密

回顧一下自己的企業，是否為捐助頭痛過。這時你要記住，捐助不是穿上禮服每年參加一、兩次酒會就可以結束的。正確的捐助應該是企業從誕生那天起，就該與社會同存在。也許你會很驚訝：無時無刻都為社會做貢獻，我的利潤怎麼辦？其實，企業的捐助不是施捨，也不是回報，而是與社會建立在共同的利益之上，追求一個目標，並為此集中各種物力、人力和精力去努力、去奮鬥的過程。企業為社會提供發展的經濟，社會為企業提供繁榮的環境。歸根究底，企業、社會都是受益者。

考慮眼前利潤，更要考慮長期效應

有家飯店的生意非常興隆，不但吸引了前來觀光的旅遊者，在當地人的口碑中也非常棒。飯店靠什麼獲得如此殊榮呢？這得益於他們推行的好鄰居計畫。洛麗和柯特是負責好鄰居計畫的工作人員。她們是兩位年輕姑娘，充滿了熱情和活力。在她們進入飯店工作前，對好鄰居計畫一無所知。

不過，當她們瞭解到好鄰居計畫的內容時，立刻歡呼雀躍，認為這是一件值得嘗試的事情。計畫比較簡單：在每年九月份召集志願者到沙灘上清理垃圾。在她們工作的第一年，這項計畫如期舉行，星期六的上午，四十多名志願者來到飯店，有人還帶著自己的子女，大家興高采烈地趕到沙灘邊，開始清理那些遊客丟棄的垃圾。經過半天辛苦勞動，整個海灘變得清潔亮麗，更加迷人。志願者們歡呼著「我們的海灘最乾淨」的口號，返回飯店。

洛麗和柯特一直隨從志願者們清理海灘，完成工作後帶領眾人返回飯店。此時，店內早就準備了飲料和速食，招待這些義務勞動者。這樣一來，志願者的情緒更加高漲了。

這一活動推行幾年以來，參加清理海灘的志願者越來越多，除了當地居民、飯店員工，很多飯店客人也加入進來。在此基礎上，飯店又舉行了美化家園活動，帶動員工們做好全年清潔任務，維持好與地方的關係，進而取得長足發展。

在故事中，這家飯店將自己看作是整個社區乃至整個國家的一份子，將為社區服務、為國家服務當作自己義不容辭的責任，進而把自己紮根當地，永久地成為社區一部分，也就獲取永久的認可與發展。

那些富有使命感的企業或者個人，比起目光短淺、僅僅為了賺錢的企業和個人，做得更成功和出色。追求利潤和追求社會理想，兩者並不衝突，如果你將兩者進行補充，把社區看作自己的合作夥伴，那麼你會很自然地成為一位慈善的、利潤可觀的商人。

點到為智

有識之士不僅追求眼前利潤，更在乎長遠發展。日本彩色電視進入美國市場時，美國的彩色電視技術水準很先進，價格卻不高，似乎沒有給日本企業留出什麼利潤空間。可是日本人並沒有就此罷手，他們研究發現美國人為了追求利潤，小尺寸彩色電視生產很少，於是日本企業以此為切入點，專門生產12英吋以下的小彩色電視。這一產品果然迎合了消費者心理，慢慢地日本彩色電視在美國有了立足之地。其後日本企業逐漸擴大彩色電視尺寸，最後以種類齊全的產品、較低的價格，透過零售和批發兩種管道，向美國彩色電視市場發起總攻，一舉主導了美國彩色電視市場。

日本人的精明在於他們看到並引領了長遠發展的市場趨勢，如何讓企業立於不敗之地，有著千頭萬緒的辦法和要求，但是歸結起來不外乎三個方面：

1、完善的管理造就一流團隊。

團隊精神是一家企業管理思想的最本質表現，一個有生命力的企業，必定具備強大的凝聚力。缺乏團隊精神，擁有再高超的技術也是零，再美好的願望也是幻想。

日本企業十分重視團隊精神，無論是松下、豐田這樣的大企業，還是很多規模較小、起步較晚的小企業，他們無不強調團隊的力量。大家心往一處想，勁往一處使，任何困難都會迎刃而解。

2、保持長久有力的競爭力。

先進的技術、高額的投資、高效的促銷，都會給企業帶來巨額利潤。從2001年起，美國出現了專門促銷的公司，它們聯繫多家企業，將企業的產品介紹給上億客戶。促銷公司會選擇消費者最願意接受的時機，讓他們接觸新產品或者樣品。

長久的競爭力不僅需要高強度促銷，還需要企業明確自己的定位，知道為消費者提供的產品和服務是什麼，關心整個市場環境變化、技術與服務變化，以及各種經濟氣候變化。另外，鞏固與消費者的關係，時時刻刻想一想他們需要什麼。

3、創新是一切企業發展的必經之路。

每個行業的市場競爭都很激烈。高科技發展促使多種行業快速誕生、發展，形成行業競爭劇烈的格局。幾乎每個企業的產品、服務都同樣好，具有同樣高的標準，價格也一樣便宜。怎樣從中脫穎而出呢？倫敦的Matter公司就很聰明，他們與許多生產商洽談，讓每位參與者製作一個能夠表現品牌特色的禮品或者試用包，並附帶公司宣傳冊。到了星期六，Matter公司負責把這些免費禮盒投遞給消費者，因為這天大多數人都在家休息，正好有時間試用產品，閱讀宣傳冊。這一活動得到許多世界級大企業的認可，Matter從中收取了不少服務費。

贏的秘密

我們都在談市場驅動、財務控制、有效管理，認為這是企業長遠發展的必備。可是從長遠看，過度市場驅動，會讓技術人員放棄新品開發，將更多精力集中到現有市場開發上，也就是缺乏了創新，缺乏了走在市場前面的勇氣和能力。而強調財務控制，可能會帶來客觀的投資回報，卻容易讓管理者侷限於短期效益，不肯為未來付出。有效管理，很可能會喪失員工積極性，讓企業跌入因循守舊的泥沼。

為什麼會這樣？因為我們忽視了人的作用。實際上，不管你從事什麼行業，不管你的生意是大是小，記住一點：待他人好一點，不管他是你的員工，還是你的顧客，還是你的合作夥伴，或者你的供應商、零售商，或者與你暫時沒有任何關係的任何人。如果你做到了對他好一點，那麼你的生意就會出現轉機，甚至興旺發達，帶給你利潤，還有成功和喜悅。

國家圖書館出版品預行編目資料

不虧本的智慧 / 王汝中著.
－－第一版－－臺北市：知青頻道出版；
紅螞蟻圖書發行，2011.11
面　公分－－(智慧倉庫；1)
ISBN 978-986-6030-09-3（平裝）

1.銷售 2.消費心理學

496.5　　100022467

智慧倉庫 1
不虧本的智慧
作　　者／王汝中
美術構成／Chris' office
校　　對／周英嬌、楊安妮、朱慧蒨
發 行 人／賴秀珍
榮譽總監／張錦基
總 編 輯／何南輝
出　　版／知青頻道出版有限公司
發　　行／紅螞蟻圖書有限公司
地　　址／台北市內湖區舊宗路二段121巷28號4F
網　　站／www.e-redant.com
郵撥帳號／1604621-1　紅螞蟻圖書有限公司
電　　話／(02)2795-3656（代表號）
傳　　真／(02)2795-4100
登 記 證／局版北市業字第796號
法律顧問／許晏賓律師
印 刷 廠／卡樂彩色製版印刷有限公司
出版日期／2011年 11月　第一版第一刷

定價 280 元　港幣 93 元

ISBN 978-986-6030-09-3　　Printed in Taiwan